U0165124

本书是北京外国语大学"双一流"重大(点)
标志性项目全球指数网二期工程
(项目批准号: 2022 SYLZD 038)的研究成果

应用指数学

聂磊　牛华勇　杨丹　著

外语教学与研究出版社
北京

图书在版编目（CIP）数据

应用指数学 ／ 聂磊，牛华勇，杨丹著. —— 北京 ：外语教学与研究出版社，2024.5
ISBN 978-7-5213-5268-9

I. ①应… II. ①聂… ②牛… ③杨… III. ①指数 IV. ①O122.6

中国国家版本馆 CIP 数据核字 (2024) 第 106711 号

应用指数学
YINGYONG ZHISHUXUE

出 版 人　王　芳
责任编辑　于　辉
责任校对　徐晓丹
装帧设计　曾新雷
出版发行　外语教学与研究出版社
社　　址　北京市西三环北路 19 号（100089）
网　　址　https://www.fltrp.com
印　　刷　北京盛通印刷股份有限公司
开　　本　787×1092　1/16
印　　张　12.5
字　　数　229 千字
版　　次　2024 年 5 月第 1 版
印　　次　2024 年 5 月第 1 次印刷
书　　号　ISBN 978-7-5213-5268-9
定　　价　75.00 元

如有图书采购需求，图书内容或印刷装订等问题，侵权、盗版书籍等线索，请拨打以下电话或关注官方服务号：
客服电话：400 898 7008
官方服务号：微信搜索并关注公众号"外研社官方服务号"
外研社购书网址：https://fltrp.tmall.com

物料号：352680001

指数学　为未来

我们生活在一个信息爆炸的时代，如何从海量、杂乱、多元的信息中提取知识，提高认知，这是摆在我们每一个人面前的一道难题。无数实践证明：指数以简化、量化的方式认识世界，是解开这道难题的一种有效工具。

作为数据，指数有高度。在本书完稿前的一个月，31 天的新闻联播中有 7 天都提及了指数，包括法国、意大利等国家的消费者价格指数，英国的消费者信心指数、全球创新指数以及我国的物流业景气指数等。由此可见，一系列高质量的指数已经成为从不同角度认识世界、了解自身的重要量化依据。

作为方法，指数有深度。在社会科学研究中，指数是连接专业知识与客观数据的重要研究方法，能够帮助学者深入研究经济社会问题。以经济学为例，2012 至 2021 年这十年间，经济学领域的核心期刊论文中构建了超过 800 种指数，并且从趋势上看，越来越多的研究者通过构建指数深入研究经济问题。

作为信息，指数有广度。指数种类繁多，除了研究类指数外，我们生活中也充满指数，出行有交通拥堵指数，择校有大学综合排名指数，甚至穿衣、洗车都有相关的指数。各类指数形成巨大的信息流，形成公众认知的框架。以消费者价格指数为例，仅 2022 年 10 月，关于这类指数的百度收录量就超过 980 万条。如果仔细观察就可以发现，人们日常接触到的许多信息中都有指数的身影，指数在生活中无处不在。

通过回顾现有研究不难发现，虽然许多人在用指数和做指数，但却很少有人将指数本身作为对象深入研究其原理、方法、应用、传播、伦理等问题。为了弥补这一空白，北京外国语大学（以下简称"北外"）指数研究团队正在开展从"指数开发"到"指数集成"再到"指数立学"三步走的研究工作。

指数开发是用指数认识世界。开发过指数方能深入理解指数。我从 2016 年就开始研究会计信息形式质量指数，这是我国首个基于财务报告的文本语言特征和呈报特征对上市公司质量进行综合评价的指数，在学界和业界得到认可。2019 年底，北外启动了"建指数看世界"系列研究工作，先后发布了国家翻译能力指数、中国大学翻译能力指数、国家语言能力指数、国际组织影响力指数、全球智能创新指数、全球化晴雨指数、全球传播能力指数方阵、世界中国学研究指数等成果，还有一系列指数正在开发中。如果将关于全球各个国家和地区的分散的知识比作一条条纬线，那么这些指数就是关于全球知识的经线，将各类知识串联在一起，形成关于世界的综合认知。

指数集成是认识指数的世界。建立关于指数的学问需要对全球现有指数进行深入理解，为此，北外建设了全球指数网 indexpedia.net，汇聚全球指数。在一期建设中，北外以自身力量为主，已经汇聚了管理学、教育学、经济学等领域的 1208 个全球指数。二期工程中，全球指数网正在打造指数创新的生态。首先，为全球指数研发者提供交流平台，共同探讨指数的使用与开发问题。其次，全球指数网将集成指数研发所需的各类资源，提升指数研发的效率。此外，还将为研究者发布原创指数打造统一平台，形成指数 IPO 的开放体系。最终将全球指数网打造成活跃的数据平台，为人文社科研究与教学提供新鲜的数据资源。

指数立学是以指数为对象的学术研究和学科建设探索。指数已经成为人类社会的重要现象，但是相关的理论和实践研究仍然是空白，这是未来人文社会科学研究的新领域和新赛道。在指数开发和指数集成过程中，我们发现了一系列问题。首先，指数影响力巨大。微观层面，大学排名、物价指数、影响因子等指数会对人们的择校、消费、科研等行为产生影响。宏观层面，经济增长展望、营商环境指数、人类发展指数等甚至可能影响国家的一些决策。但与此同时，指数之间是不平等的，并且许多指数是非科学的。虽然世界上存在海量指数，但能够产生实际影响的指数并不多，少数知名指数深刻地影响着人类社会，而多数指数则不为人知。不同个体、地区和国家之间存在指数发展不平衡和指数贫困问题。需要警惕的是，知名并不代表科学，已有一系列研究表明，许多知名指数是披着科学外衣的意识形态输出工具，其违背了基本的科学伦理，但在科学方法的遮掩下变得不易被发现。因此，我们认为探索关于指数的学问、帮助人们更好地认识指数是一项十分重要和迫切的工作。

探索指数学是一项宏大而长远的工作，结合在前期工作中发现的问题，我们首先从指数伦理和指数评价两方面进行了初期研究，并于 2022 年元旦发布了指数伦理宣言和元指数。

指数伦理宣言倡导指数的研制、传播和使用应该在共同伦理框架下进行。我们倡导指数公正（Justice）原则，倡导指数的研究者和使用者能够学术独立、公平竞争、反歧视、均衡发展。我们倡导指数开放（Openness）原则，让公众更便捷高效地利用指数的成果，让相关主体更深入有效地参与指数产品和服务的开发。我们倡导指数科学（Scientificness）原则，倡导在指数主体设定、内涵界定、指标设计、数据搜集，以及发布、传播、解读、决策过程中，都尽量做到专业、尽职和勤勉，让指数刻画研究对象的过程尽可能全面、客观、公正、中性。

元指数是关于指数的指数，通过对指数的剖析帮助人们更好地认识指数。评价方法上，元指数参考文献计量与替代计量方法，综合使用期刊论文数据、搜索引擎数据、各类媒体数据等多源数据，从重要性、科学性、影响力三个维度评价全球指数网中的指数。其具有客观、自动、灵活的特点，所用数据皆为客观结果数据，能够通过程序自动完成数据的采集、处理和计算的全流程，实现对全球指数客观、自动化的综合评价。

以上仅仅是对指数学的初期探索，为了构建更加系统化、科学化的指数学，北外已经形成高效的指数开发工作体系，并在全国率先开设指数研发课程。我们制定了应用研究、理论研究、实证研究三步走的规划，这本《应用指数学》正是应用研究部分的第一项综合成果。书中从人文社会科学的视角出发，介绍了指数的基础知识，并重点讲解了指标体系设计、数据采集与质量评估、数据处理、指数赋权与合成、指数评估的全流程方法。读者能够从书中详细地了解指数的研究方法，进而形成对指数更深层的理解，无论对自己构建指数，还是对应用现有指数都将有所启发。虽然本书的内容主要还是指数方法，解决如何做指数的问题，并没有完全解决"应用指数学"的基本范畴、术语体系、学科体系、应用领域等问题，称之为"指数学"有些牵强，但是，我们愿意大胆尝试，抛砖引玉，让读者在拍砖的过程中，和我们一起推动相关的研究和学科发展。

指数学的建设绝非一校之力可成，北外指数研究团队将这本《应用指数学》献给对指数研究有兴趣的学界和业界同仁，在为创立指数学贡献北外力量的同时，也希望能够集全球之力服务全球，共同构建公正、开放、科学的指数学。

我们希望通过指数开发、指数集成和指数学学科建设，更高效地认知世界，更准确地把握未来。我们的口号是"Index the World for the Future"。指数全球，创见未来。

杨丹

2023 年 11 月

目　录

第一章　绪论

人类社会是一个极其复杂的系统，即使是这个系统中的常见事物，对其进行充分认知也非易事。例如，物价与人们生活息息相关，为大家所熟知，如果被问及最近物价如何，人们通常可以基于经验判断给出某一角度的答案，例如猪肉又涨价了、出去吃饭又贵了、油价涨上天了等等。

但事实上，以上经验回答的只是物价的冰山一角，或许在食品价格小幅上涨的同时，耐用消费品价格却在持续下降，但因为后者消费频率更低，人们对其价格变化更不敏感，所以消费者可能较少将其视为评估物价的依据。不仅如此，即使在同一时间，同一商品在不同地域的价格也可能存在较大差异。由此可见，即使是常见的物价，想要对其进行科学评估也非易事。

那么应该如何科学评估物价？此时可能会想到 CPI，即消费者物价指数，这是一个与日常生活、宏观调控、投资决策等许多问题密切相关的指数，它能够帮助人们更加综合地了解物价。那么，CPI 是如何构成的？应该如何理解这个指数？它是否存在什么不足？如果这个指数存在不足，如何对其进行修正或构建新的物价指数？以上问题对于理解 CPI 以及其背后的物价问题十分重要，但却常常被忽视。而如果错误理解 CPI 则可能对决策产生重要影响，例如虽然 CPI 可以作为通货膨胀的评估依据之一，但如果将 CPI 上涨等同于通货膨胀则可能产生错误的决策，因为 CPI 由特定商品价格构成，特定时间指数上涨可能只是特定商品短期波动导致。

通过以上例子可以发现，指数是认知世界的有效工具，经过科学设计的指数能够帮助人们更加全面、综合地从特定角度认知世界。那么，如何能够更加深入地理解现有指数？应该如何根据研究需要科学构建针对特定对象的指数？本书将以此为出发点，通过从方法层面对指数工具进行详细拆解，帮助读者理解指数的构建过程，使读者掌握指数研究方法，具备构建指数的能力，并且在这一过程中加深对指数原理的理解，进而提升使用指数认知世界的能力。

1 指数的重要性

上文通过物价评估这一简单的例子初步说明指数的价值，本节将从指数的普遍性、历史性和影响力三个角度说明其重要性。

1.1 指数的普遍性

指数在生活中无处不在，除了 CPI、采购经理指数（PMI）等耳熟能详的指数外，部分指数虽然在名称中并没有包含"指数"二字，但也深度融入了不同人群的生活，此处仅举几例。

平均学分绩点（GPA）本质上就是一个指数。GPA 将多门课程的成绩按照一定标准合成为一个数值或字母，例如 4.0 或 A。虽然它名称里没有包含"指数"二字，但这种将多个维度的得分（此处为多门课程的成绩）简化为可用于横向或纵向比对的单一得分（此处为 GPA 总分）的方法正是指数的核心思想之一。由此观之，高考成绩也是一种简单的指数，其维度就是各个科目，权重体现在各科总分中，最终采用加法合成法计算总分。

与高考成绩密切相关的另一个重要指数是大学排名。以软科中国大学排名为例，其基于各个大学在"办学层次、学科水平、办学资源、师资规模与结构、人才培养、科学研究、服务社会、高端人才、重大项目与成果、国际竞争力"等方面的得分[1]，并且赋予不同指标不同权重，最后综合测算各个大学的总体得分，这也是典型的指数研究思想。

在大学评估中，通常会涉及科研成果评估，例如其在核心期刊中的发文数量，而此处的核心期刊以及与其密切相关的影响因子也可以理解为指数。首先来看影响因子，它是通过计算特定期刊在特定时间周期内（通常为前两年）所发表的论文在评估年度被引用次数与特定时间周期内的发文总数之比产生。这可以看作一个只包含发文量和引用量两个指标的年度指数。核心期刊的划分则与影响因子的思想十分接近，可以将其视为结果仅分为 2 分（核心期刊）、1 分（扩展版核心期刊）和 0

---

1 软科. 排名方法—2022 中国大学排名[EB/OL]. https://www.shanghairanking.cn/methodology/bcur/2022，2022-10-01/2023-11-30.

分（非核心期刊）三种得分的指数。

即使不考虑这些名称中不包含"指数"的隐形指数，如果在百度搜索"指数"这一关键词，仅 2022 年 5 月的相关信息就有约 0.96 亿条，而同期"物价"一词的搜索结果仅约 0.76 亿条，由此可见指数存在的广泛性。此外，截止到本书撰写时，新浪微博中关于指数的微博超过 1.5 亿条，中国知网收录的指数相关文献也接近 100 万篇。虽然以"指数"为关键词检索的结果可能包含数学中的指数概念，例如指数函数、指数分布等，但考虑到还有大量的隐形指数，这些数据能够在一定程度上说明指数存在的普遍性。

1.2 指数的历史性

通过以上几组数字可以发现，在这个数字化的时代，指数普遍存在于我们的生活中，那么指数是数字时代的新生事物吗？还是在人类历史中长期存在？由于笔者并非历史学者，暂无意于考察指数最早的出处，此处仅结合两个电子化数据库里关于指数的记录尝试回答以上问题。

首先来看 Journal Storage（JSTOR）数据库，这是全球知名的过刊数据库，其中收录了超过 2800 种期刊，多数期刊从第 1 卷第 1 期开始收录，期刊数据可回溯至 1665 年[1]。在这一数据库中，以指数的英文 index 为关键词进行搜索，Journals 类的检索结果显示，1665 年的文献中已经出现指数的相关表述，例如图 1-1 截取自 1665 年的论文《Observations Continued upon the Barometer, or Rather Ballance of the Air》，其中提到了关于风的指数（Index of Winds）。虽然此处的 index 关注的是对自然现象的测度，与本书中对社会科学的测度有所不同，但可以发现的是，指数这种工具在科学研究中的使用已经可以追溯到 JSTOR 数据库收录的历史最久的文献，说明这一工具有着悠久的使用历史。

---

1 这一年份来自北外图书馆等国内图书馆对 JSTOR 数据库的介绍。本书写作时在 JSTOR 官网未查询到确切年份，但以"a"为关键词在 Journals 类检索出年份最早的结果为 1665 年。

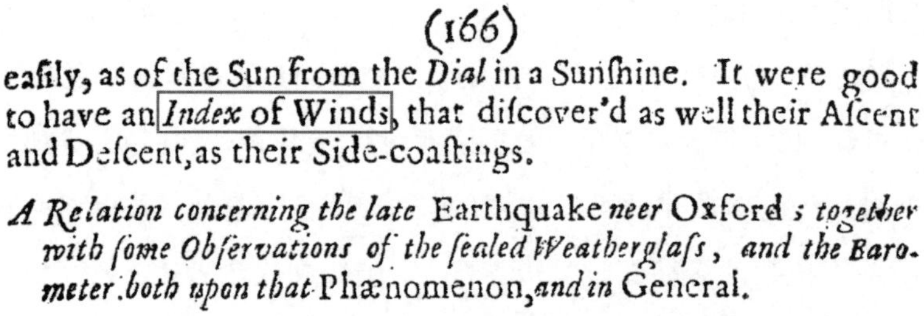
(166)
eaſily, as of the Sun from the *Dial* in a Sunſhine. It were good to have an *Index* of Winds, that diſcover'd as well their Aſcent and Deſcent, as their Side-coaſtings.

A Relation concerning the late Earthquake *neer* Oxford *; together with ſome Obſervations of the ſealed Weatherglaſs, and the Barometer both upon that* Phænomenon, *and in* General.

图 1-1　早期提及指数方法的论文截图[1]

然后来看全国报刊索引，这是我国报刊电子化的重要平台，此处使用其中的民国时期期刊全文数据库进行检索，该数据库可追溯至 1911 年的期刊[2]。以“指数”为检索词在全字段进行模糊匹配的结果显示，最早的信息是 1911 年的《美日英三国物价指数表》（如图 1-2 所示）。由此可以发现，现代意义上的指数概念在我国的使用至少可以追溯到 1911 年，即数据库中的起始年份。

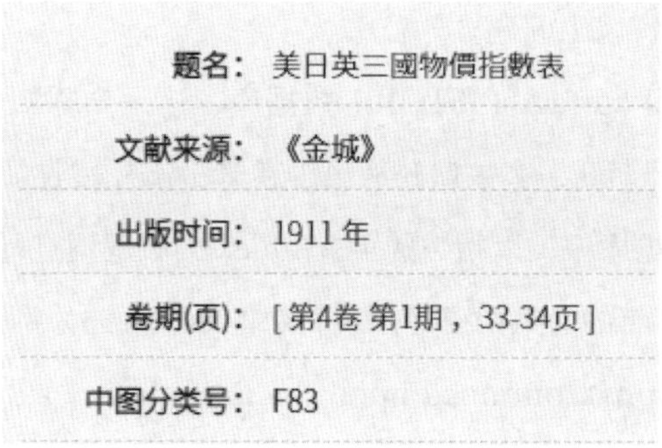
题名：美日英三國物價指數表
文献来源：《金城》
出版时间：1911 年
卷期(页)：[第4卷 第1期，33-34页]
中图分类号：F83

图 1-2　民国时期期刊全文数据库关于指数最早的一条记录[3]

从以上两个例子可以发现，指数在人类社会中的使用由来已久，无论是自然科学领域还是社会科学领域，指数都是认知世界的重要工具，这一工具经受住了历史的检验，至今仍很常用，反映出指数的重要价值。

1 图片截取自 A New Contrivance of Wheel-Barometer, Much More Easy to be Prepared, than That, Which is Described in the Micrography; Imparted by the Author of That Book. (1665). Philosophical Transactions (1665—1678), 1, 218-219. http://www.jstor.org/stable/101494.

2 全国报刊索引期刊全文库包含晚清期刊全文数据库（1816~1911）和民国时期期刊全文数据库（1911~1949）。

3 图片截取自全国报刊索引检索结果。

1.3 指数的影响力

从上文可知，指数普遍存在并且历史悠久，但其重要性远不止如此。虽然多数指数都只是认知世界的工具，但部分指数已经成了影响世界的工具。

首先来看指数对个人和组织的影响。以上文提到的几个指数为例：GPA 可能会影响学生对课程的选择，部分学生可能为了提升 GPA 而只选择给分较高的选修课；大学排名不仅可能影响学生择校，还有可能会影响学校的工作，使部分学校为了提高排名而根据指数评估体系开展针对性工作；与前一项相关的是，因为期刊影响因子和核心期刊分类影响科研成果评估，对于部分科研人员和机构而言，追求核心期刊发文数量曾是巨大的压力，随着"破五唯"[1]的提出，这一现象或将有所改善。

由此可见，指数通常带有评价功能，有些指数虽然最初只是供参考的工具，但由于其在特定的应用场景下能够很好地完成特定任务、在一段时间内没有足够强力的替代方案等原因，随着时间的累积，其权威性逐渐得到确立，开始跳出参考工具的范畴，成为影响人类行为的工具，这种影响甚至可能超出其本身的范围。仍以影响因子为例，其最初只是为形成现刊目次而评估和挑选期刊的工具，该指数简单明了，的确能够在一定程度上反映期刊得到学界认可的程度，因此逐渐建立起其在期刊评价中的权威性。正是在这一过程中，其一度成了评估科研成果的权威指标，甚至反过来影响期刊、研究者和研究机构的行为，这已经远远超出了该指数最初的设计意图。

指数的影响还远不止于此，我们将视野转到国家层面。2021 年，国际期刊 *Third World Quarterly* 上发表了一篇名为《Social Indexology, Neoliberalism and Racialized Metrics: Legitimising the 'Inferiority' of Global South Countries》的论文，其批判性地研究了新自由主义思想如何使用指数影响国家的种族化排名，文章指出，指数具有隐含的意识形态力量，可以使民族和国家的种族不平等的思想披上科学、公正的外衣，使其更容易被接受[2]。

我国学者也有相似发现。例如，有研究以核安全指数为例，从评价工具、评价

---

1 王洪才. 高等教育评价破"五唯"：难点·痛点·突破点[J].重庆大学学报(社会科学版)，2021，27(03)：44-53.

2 S. Ratuva. Social Indexology, Neoliberalism and Racialized Metrics: Legitimising the 'Inferiority' of Global South Countries [J]. *Third World Quarterly*, 2021, 42(09): 2096-2114.

活动和榜单排名等方面分析了指数的内涵与影响，结果表明该指数虽然表面上是国际风险评价工具，但内部却暗含西方利益预设，带有隐含的政治偏向，甚至变为政治联盟站台的工具[1]。指数已经成为西方国家构建传播话语体系和政治霸权的重要表达工具，以世界银行开发的世界治理指数为例，该指数在全球范围内具有较强影响力，但通过对该指数构建过程的深入分析可以发现，其中隐蔽地纳入了西方价值观，在科学、中立的外衣下通过指数构建国际制度性话语"霸权"[2]。

综上，指数这一工具经过了历史的考验，目前已经成为人们认知世界的重要工具，深度融入了人类社会，并且部分指数对个人、机构和国家产生了重要影响。由此可见，清晰、科学、全面地理解指数是十分必要的。

2 指数入门

在上一节，我们结合具体的例子直观地感受到了指数的重要性，本节将正式介绍指数的基础知识，从指数的定义、常见类型和功能来初步认识指数。

2.1 指数的定义

前文提到某些数值虽然名称中没有包含"指数"二字，但是本质上属于指数的范畴或者可以被视为指数，这要从指数的含义说起。首先来看指数的词典定义。

（1）现代汉语词典：（指数）"表示一个变量在一定时间或空间范围内变动程度的相对数。某一经济现象在某时期内的数值和同一现象在另一个作为比较标准的时期内的数值的比数。指数表明经济现象变动的程度，如生产指数、物价指数、股票指数、劳动生产率指数。此外，说明地区差异或计划完成情况等的比数也叫指数"[3]。

（2）牛津词典："A system that shows the level of prices and wages, etc. so that

---

1 肖群鹰，刘慧君. 智库全球性指数产品的政治蕴涵——以核威胁倡议的NTI/NSI为例[J]. 智库理论与实践，2021，6(05): 125-133.

2 游腾飞. 西方如何隐蔽性建构国际制度性话语权——"世界治理指数"的剖析及其启示[J]. 探索，2017(03): 164-172.

3 中国社会科学院语言研究所词典编辑室. 现代汉语词典(第7版)[M]. 北京: 商务印书馆，2016: 1686-1687.

they can be compared with those of a previous date"[1]。

（3）柯林斯词典："An index is a system by which changes in the value of something and the rate at which it changes can be recorded, measured, or interpreted"[2]。

通过以上三个词典定义可以发现，它们都没有严格地限定指数的内涵和外延，但从中可以发现定义指数的三个关键词，即变量、系统、对比。

（1）变量。这可以进一步拆解为指数的两个基本特征，即"变"和"量"。首先来看"量"，这意味着指数是可以度量的值，度量结果既可以通过数值表达，也可以通过文字、字母、符号等多种形式表达。例如上文提到的核心期刊，其本质上是对期刊影响力等方面的度量，最终结果使用多分类的文字形式表达。第二个基本特征"变"是指度量结果至少有两种以上的值，如果测量结果中所有的值均相同，则通常不符合指数的特征。

（2）系统。两个英文词典的定义均认为指数是 system，在社会科学中，系统通常包含一组相互关联或共同起作用的事物，并且按照某种形式组织在一起。对此可以简化理解为，指数应包含对两个及以上具有关联性的事物的测量。例如，高考成绩是由多个学科的成绩共同构成的变量，而且包含哪些学科以及每个学科的分值都是经过严格设计的。但在实践中可以发现，系统是一个相对概念。例如高考成绩由各科成绩组成，而各科成绩由各题目成绩组成，由此观之，单科成绩也可以视为对一个小系统的测量。

（3）对比。这体现了指数的核心功能，即通过对比帮助人们认知世界。一个单独的数字不具备认知价值。例如，如果只知道对象 A 得分为 80，而对这个得分的上限、下限、及格线等标准或参照值一无所知，则这个得分没有任何意义。我们首先假设这个得分越高，代表水平越好，在此基础上，如果知道及格线为 60 分，则可以发现这个得分结果优于及格水平；如果知道其上一期的得分为 90 分，则说明其得分出现下降；如果知道对象 B 得分是 70 分，则说明对象 A 优于对象 B。通过对比，指数能帮助我们更好地认识对象 A。

本书仅讨论社会科学领域的指数，在以上讨论的基础上，本书中的指数概念定义为：指数是对人类社会特定角度的系统性测量，并且测量结果可以比较。

---

1 参见牛津词典对"指数"的释义，https://www.oxfordlearnersdictionaries.com/us/definition/english/index_1?q=index.

2 参见柯林斯词典对"指数"的释义，https://www.collinsdictionary.com/dictionary/english/index.

指数和指标是一组容易混淆的概念，在不同场景中，二者的关系也有所不同。在指数研究实践中，通常将指标视为复合型指数的组成部分，但由于指数的组成部分也可能是别的指数，例如使用指数 A、B、C 构建新的指数 Z，此时在指数研究的语境中，指数 A、B、C 就成了指数 Z 指标体系的一部分。在另一种语境中，指标可以指计划中规定达到的目标，而这个目标可能是某个指数，例如将 CPI 控制在某一范围内作为宏观调控指标。此外，在一些语境中，指数可能是指标的一部分，或者二者含义相似，例如经济指标这一大类下包含经济领域的指数，同时，从本书对指数的定义来看，许多经济指标本质上也是指数，此时指标和指数的含义十分接近。本书无意辨明指数和指标在所有场景中的异同，仅从指数研究的操作层面将指标视为指数的组成部分，在后续内容中，如无特殊说明，都将采用这一定义方法。

2.2 常见指数类型

从指数的定义可以发现，其覆盖面非常广，因此涉及多种不同类型的指数，本节将举例说明指数的几种常见分类。

（1）按照核心数量，可以将指数分为单核指数和综合指数。单核指数是指仅有一个核心指标的指数，这与其系统性的特征并不矛盾，单核指数也包含多个指标，但是其余指标都服务于核心指标的度量。以影响因子为例，其核心指标是引用量，但引用量受发文量的影响，因此为了更好地使用引用量测量期刊影响力，在计算影响因子的过程中同时考虑了引用量和发文量。综合指数则与之相反，虽然其涉及的多个指标在重要性上可能存在差异，但指标间是平级的，通过对多个指标的综合测度才能实现指数的目标。例如大学排名通常是教学、科研、社会服务等多个维度综合评估的结果。

（2）按照结果形式，可以将指数分为定性指数和定量指数。定性指数是指指数结果仅进行有顺序的分类。例如上文提到的核心期刊的测量结果就是将期刊分为核心、非核心两类，或者核心、扩展核心、非核心三类等，再如第四轮学科评估中，将学科划分为 A+、A、A-、B+、B、B-、C+、C、C- 九个类别。定性指数的优势是更为直观，能够更加快速地进行对比，例如只要知道某高校的某学科评级为 B，即可知道其属于中等水平，而无须对更深层的得分进行分析。其不足在于损失了一定的信息量，例如同样评级为 B 的高校间可能存在一定差异，定性指标无法反映这一差异。定量指标则是对每一个评估对象给出了具体得分，读者不仅能够通过得分判断不同对象的排名情况，还能够通过具体得分的对比分析任意两个对象的差异大小。

（3）按照测量频率，可以将指数分为截面指数、时序指数和面板指数。截面指数是在特定时间段内仅对所有对象进行一次测量，其结果用于对所有对象进行横向对比。时序指数是指对时间序列上特定间隔的时点进行多次测量，其结果用于对特定对象进行时序对比。面板指数则介于两者之间，是在不同时点多次构建截面指数，不仅可以横向对比，还可以进行时序分析。由于截面指数只要开展了两期及以上的测量就成了面板指数，而仅测量过一期的指数通常难以产生长期影响，因此为人所熟知的指数多数为面板指数和时序指数。最常见的面板指数包括大学排行等各类年度排行榜，北外的全球指数方阵中发布两期及以上的指数都属于年度面板指数。面板指数发布周期不一定局限为一年，例如数年一次的学科评估也是面板指数。最常见的时序指数则是各类经济指数，例如 CPI、PMI 等等，按照时间颗粒度又可以细分为年度指数、季度指数、月度指数等等。金融领域常用的证券指数则是颗粒度极小的时序指数。

本书在指数方法部分将以定量、综合的面板指数为主，其涉及的技术方法同样适用于单核指数、定性指数和时序指数。时序指数除了通用方法外，还可能涉及时间序列分析等专用技术，这部分内容将在第十一章进行补充讲解。

2.3 指数的功能

以上讨论已经能够初步体现出指数的功能，本书将通过一个具体的例子来系统地分析。

图 1-3 是来自中国知网的一张论文信息截图，结合上文内容可以发现其中涉及多个指数，接下来首先讨论这些指数。

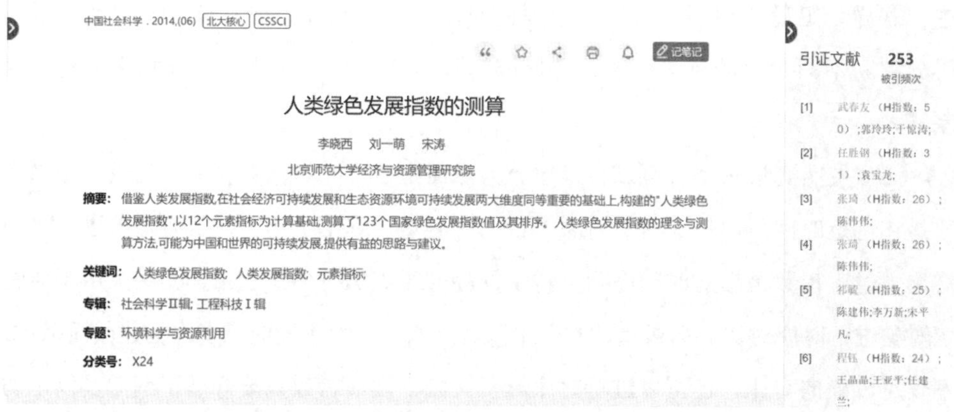
中国社会科学 . 2014,(06) 北大核心 CSSCI

记笔记

人类绿色发展指数的测算

李晓西 刘一萌 宋涛

北京师范大学经济与资源管理研究院

摘要：借鉴人类发展指数,在社会经济可持续发展和生态资源环境可持续发展两大维度同等重要的基础上,构建的"人类绿色发展指数",以12个元素指标为计算基础,测算了123个国家绿色发展指数值及其排序。人类绿色发展指数的理念与测算方法,可能为中国和世界的可持续发展,提供有益的思路与建议。

关键词：人类绿色发展指数; 人类发展指数; 元素指标;

专辑：社会科学Ⅱ辑; 工程科技Ⅰ辑

专题：环境科学与资源利用

分类号：X24

引证文献 253

被引频次

[1] 武春友（H指数：50）;郭玲玲;于惊涛;

[2] 任胜钢（H指数：31）;袁宝龙;

[3] 张琦（H指数：26）;陈伟伟;

[4] 张琦（H指数：26）;陈伟伟;

[5] 祁毓（H指数：25）;陈建伟;李万新;宋平凡;

[6] 程钰（H指数：24）;王晶晶;王亚平;任建兰;

图 1-3 指数相关论文信息示例[1]

（1）人类绿色发展指数。这是论文的核心内容，从摘要中可以发现，这个指数"以 12 个元素指标为计算基础，测算了 123 个国家绿色发展指数值及其排序"，"可能为中国和世界的可持续发展，提供有益的思路与建议"[2]。由此可以发现以下几点：第一，该指数对人类绿色发展问题进行了简化，仅用 12 个指标就代表了这一复杂的问题；第二，其测算了 123 个国家的绿色发展指数得分；第三，其对这 123 个国家进行了排序评估；第四，该指数旨在服务于中国和世界的可持续发展。

（2）人类发展指数。文章摘要开头便提及"借鉴人类发展指数"，由此可见这篇论文受到了人类发展指数的影响。由于人类发展指数是全球知名的指数，通过借鉴人类发展指数，一方面能够说明这篇论文的科学性，同时也能让熟悉人类发展指数的读者更加快速地理解人类绿色发展指数。

（3）北大核心、CSSCI。对于熟悉我国社会科学期刊的读者而言，看到这篇论文发表于《中国社会科学》后立刻就能够理解其很可能具有较高的研究水平。但对于不熟悉具体期刊的初学者、非研究者而言，使用北大核心、CSSCI 这一指标能够更加简单地判断这篇论文的水平下限。尤其是当阅读非本专业论文时，这一便利性表现得更为突出。

（4）H 指数。H 指数是反映研究者学术产出数量和水平的指标，通过该指数能够快速地了解一个学者发表论文的总体水平。通过引用高水平作者的论文也有助于

1 图片截取自中国知网。
2 李晓西，刘一萌，宋涛.人类绿色发展指数的测算[J].中国社会科学，2014(06)：69-95+207-208.

说明研究的科学性。

通过对以上这个典型案例中指数功能的简要分析，可以发现指数的功能总体可以分为认知和影响两个层次。

（1）认知。第一，指数通过简化研究对象降低认知难度，以上几个指数都是将相对复杂的问题简化为少数几个指标进而合成为一个结果，人们不需要太多背景知识就能快速认知特定对象，例如将期刊分为核心期刊与非核心期刊能够使读者快速判断特定期刊的大体水平。第二，指数通过量化使认知更为清晰，例如通过绿色发展指数的得分，读者能够更加明确地知道各个国家的绿色发展水平。

（2）影响。第一，指数对研究对象做出评估，虽然部分指数没有公布具体得分，但都会对结果进行时序或者横向对比，进而对结果做出评估，这也是其影响现实世界的基础，例如CSSCI对期刊水平进行分类，人类绿色发展指数对国家进行排序。第二，以评估结果影响人类行为，一旦指数得到认可，尤其是建立权威性，则可能对人类行为产生影响，例如，H指数、CSSCI等应用多年的评估工具都是以引用量为核心，这也就导致研究者和期刊很容易将追求更好的引用量作为工作目标。

通过以上分析可以发现，指数不仅是认知世界的有效方法，还是可能影响世界的重要工具。需要指出的是，指数作为一种工具，如果使用不当也可能产生不良后果。以营商环境指数为例，世界银行的营商环境指数曾经在全球产生了重要影响，但由于该指数及其研发团队被质疑存在公正性问题，世界银行已经于2021年宣布停止发布《全球营商环境报告》。如果该指数的问题属实，则可能对世界产生重要的负面影响。聚焦到国内也可以发现，近年来许多省市都出现了各种营商环境类指数，但其中存在评估质量不高、导向有偏差、行为不规范等问题，也造成了负面影响。

3 本书框架

指数作为一种认知和影响世界的重要工具，已经深度融入当今社会的众多方面，但通过回顾现有文献可以发现，多数研究者都只是使用指数而没有将指数作为独立的对象开展研究，尤其缺少关于指数方法与实践的综合论述。这正是本书的出发点：通过系统、综合地介绍指数开发与应用的相关知识，帮助读者更好地使用指数。

3.1 写作目标

具体来看，本书的写作目标是帮助读者掌握看指数、用指数和做指数的能力。

（1）看指数

表面上，看指数是一件比较容易的事，因为许多指数构建的目标之一就是帮助其用户更加简单地认识某种对象，因此用户只需要看几个简单的数字就能形成对指数对象的初步了解。但本书所说的看指数是指透过现象看本质，而非简单地看结果。

以大学排名为例，目前存在多种不同版本的大学排行榜，如果仔细观察这些排行榜不难发现它们之间可能存在巨大差异，此时该如何看这些排行榜？事实上，这并非一个简单的问题，其背后关联的是指数的构建方法，不同排行榜可能使用了不同指标、不同权重，甚至名称相同的指标都可能采用不同的测量方法，如果完全看不懂这些因素就可能被表面现象误导。例如如果排行榜没有对学校类型进行区分，同时选取指标的过程中更多地纳入了与学校规模正相关的指标，那么综合类院校在最终排名上将更具优势。

此时，如果想要更加深入地认知大学排名，就需要读者回溯指数的构建过程，例如分析大学在不同指标上的得分以及各个指标的权重，或者根据需要对大学进行分类，然后在各类别内看结果。而这些工作需要用户对指数的基本原理具有一定的理解。

此外，指数的数量正在不断增多，各类机构和个人研究者都在不断发布各种指数，其中不乏优秀的成果，但也可能存在一些质量不高甚至具有误导性的指数，例如前文提到的营商环境指数。因此，需要指数的用户对这一工具形成一定理解，进而擦亮眼睛科学看指数。

（2）用指数

用指数是在看指数的基础上更进一步，是指将指数用于决策、研究等场景中。这一过程中可能涉及指数与其他工具的综合使用，因此用指数通常比看指数的难度更大。

仍以大学排名为例，如果是在本科择校决策场景中使用大学排名类的指数，则可能涉及许多综合问题。例如：如果以本科毕业工作为导向，应该关注排名中的哪些指标？如果以继续深造为导向，更应该关注学科排名还是学校综合排名？是应该仅参考一个排行榜，还是应该综合参考多个排行榜？这一决策实际涉及大量的因素，本书仅从指数本身的角度进行讨论。

在判断是否使用一个指数时首先应考虑其本身的质量，这与看指数是密切相关的。但在用指数的过程中，仅考虑指数质量可能是不够的，例如在本科择校过程中，要综合考虑自身兴趣、专长、分数等因素与学校的匹配度问题，此时学校的总体排名可能只是决策依据之一，甚至可能需要从多种排名二三级指标中分别抽出部分指标辅助决策。这要求决策者不仅能够看懂不同指标间的差异，还能够综合应用不同来源的指标，而这些也需要其对指数及其背后的方法具有足够的理解。

（3）做指数

从逻辑上看，看指数、用指数、做指数是层层递进的过程。但在学习中，这一过程可以反过来看。如果了解指数的制作方法，例如了解指数的构建思想、指标体系的构建方法、常用数据及其处理方法、指数赋权与合成方法等内容，读者便能够更加清晰地回溯现有指数的生产过程，进而更好地看指数和用指数。

有些问题，从表面上或许难以看出，唯有会做指数甚至做过指数之后才能发现。许多用户在看指数和用指数的过程中可能仅仅关注到指标体系和权重的层次，但事实上，在做指数的过程中经常会发现，许多不起眼的地方可能会对结果产生重要影响，例如缺失值的处理方法、去量纲的方法等细节都可能对结果产生重要影响。

相关内容会在后续章节详细论述，此处仅举一例说明细节可能对结果产生的影响。在构建指数的过程中经常会遇到部分指标存在缺失值的情况，例如计算大学排名时，个别大学在某个指标上的原始数据无法获得，此时有多种不同的处理方法，包括将缺失值视为 0、用均值代替缺失值、使用其他指标估算缺失值等等，而不同的方法可能使结果产生较大差别。如果将缺失值视为 0，则在百分制下有数值缺失的学校会在这个指标上得到最低分；如果用均值代替缺失值，则有数值缺失的学校可能会得到 50 左右甚至更好的分值。不难发现，使用不同方法后的结果可能存在巨大差异。

本书的写作目标是，通过引导读者完整地学习做指数的全部流程，使读者掌握做指数的关键技术，了解其中的核心问题，进而同时具备做指数、用指数、看指数的能力。

3.2 内容安排

从第二章开始，本书后续内容总体可分为以下两部分。

第一部分，数据、指数与新文科建设，仅包括第二章。这一部分是在新文科建设的大背景下讨论数据与文科新发展之间的关系，进而引出指数这一工具在文科研究中的应用场景。最后以经济学这一量化程度较高的文科为例，使用文献分析法探索其对指数的应用规律。

第二部分，指数研究方法，第三章至第十一章。这是本书的核心内容，旨在通过详细介绍指数研究的各方面内容，使读者掌握制作指数的能力。总体来看，这一部分主要关注的是指数中较为复杂的综合评价类指数，相关知识同样适用于更为简化的单核指数。具体来看，第三章总体梳理指数研究的完整流程，第四章介绍指标体系设计的原则与方法，第五章结合案例讲解数据采集的方法，第六章说明如何评估和处理不同类型数据的质量问题，第七章结合具体数据讲解数据处理的技术方法，第八章介绍指数赋权的不同方法，第九章和第十章分别讲解指数合成与评估的常用方法。此外，时序指数还涉及时间序列的相关知识，因此第十一章将专题介绍时序指数的核心内容。

第二章　数据、指数与新文科

本书的写作目标是服务于指数在人文社会科学（以下简称"文科"）中的应用，第一章从指数自身的角度说明了其重要性，本章将进一步讨论指数与文科的关系。

对于文科研究而言，指数有两层含义，即作为方法的指数和作为数据的指数。本书重点讨论的是作为方法的指数，即如何对文科研究对象进行综合性的量化测量。此外，CPI、PMI等作为数据的指数也是文科研究的常用素材。由此看来，指数是量化方法与数据的一种特例，而量化方法也是以数据为基础实现的，因此可以从数据与文科的关系出发思考指数与文科的关系。

文科范畴下的不同学科对于数据的使用情况存在较大差异，经济学等学科的研究已经高度量化，而部分学科对于数据的使用则较少。随着信息时代和大数据时代的来临，人类社会越来越多的现象被记录为数据，这为文科研究带来了新的机遇和挑战。一方面，随着人类社会的进一步量化，研究者能够以前所未有的视角开展研究，但另一方面，不断涌现的新数据以及与之配套的新方法也增加了开展研究的难度。

本章第一节首先在新文科建设的背景下探讨数据与文科的关系。作为量化方法与数据的一种特例，指数具有综合性、易用性等一系列特点。第二节将结合指数的特点讨论其在文科研究中的应用价值。最后，本章将以经济学为例，通过文献分析展示指数在文科研究中的应用现状。

1 数据与新文科

1.1 数据与新文科建设关系的研究现状

新文科建设作为我国高等教育强国的一种积极探索，自2019年被提出以来，一直受到人文社会科学学界的高度关注，经过两年多的探讨，新文科建设的背景、内涵等问题逐渐明晰。随着新文科建设的提出和不断推进，我国学者逐渐开始深入讨论数据与新文科建设的关系。

数据有助于推动新文科建设。新文科建设强调学科交叉融合，而科学数据的集成共享是学科交叉融合的基础[1]。具体措施方面，数据可以从技术和人两个层面助力新文科建设。技术层面，可以提供跨学科数据和计算平台，促进学科间的交叉融合[2]，同时可以将新技术用于传统文科研究对象的测算，建设新型研究平台，促进文科与新技术的结合[3]。人的层面主要体现在数据素养教育，通过提升文科师生的数据素养培养理科思维方式，助力文科与理工科的交叉融合，推动新文科研究范式的发展[4]。

在语言类高校，数据的重要性也已经得到高度关注[5]，数据及其配套技术对于新文科视域下的语言学、文学和翻译学等学科都具有重要意义[6]。上海外国语大学强调"外语学科人才培养需要构建数据科学与语言科学的文理交叉"[7]，并通过基于数据中台理念的图书馆数据服务助力学校新文科建设[8]；北京语言大学设置重视数据分析和处理能力培养的跨学科专业[9]。

1.2 数据与新文科建设的关系分析

虽然关于新文科建设的内涵与发展路径尚有争论，但新文科在新范式、新交叉、新科技三方面的特征已得到较多认可，而数据与这三个方面均息息相关。

1.2.1 数据与文科新范式密切相关

近年来，随着数据资源的不断丰富，尤其是文科资料数字化的快速发展，文科

---

1 马费成，李志元. 新文科背景下我国图书情报学科的发展前景[J]. 中国图书馆学报，2020，46（06）：4-15.
2 陈凡，何俊. 新文科：本质、内涵和建设思路[J]. 杭州师范大学学报（社会科学版），2020，42（01）：7-11.
3 夏翠娟. 新文科背景下的图情档与数字人文融合研究热点透析及趋势前瞻[J]. 情报资料工作，2022，43（01）：17-19+22.
4 蔚海燕，李旺. 图书馆数据服务助力新文科建设之路径[J]. 图书与情报，2020（06）：77-83.
5 戴炜栋，胡壮麟，王初明 等. 新文科背景下的语言学跨学科发展[J]. 外语界，2020（04）：2-9+27.
6 胡开宝. 新文科视域下外语学科的建设与发展——理念与路径[J]. 中国外语，2020，17（03）：14-19.
7 姜智彬，王会花. 新文科背景下中国外语人才培养的战略创新——基于上海外国语大学的实践探索[J]. 外语电化教学，2019（05）：3-6.
8 蔡迎春，欧阳剑，严丹. 基于数据中台理念的图书馆数据服务模式研究[J]. 图书馆杂志，2021，40（11）：99-107+63.
9 刘利. 新文科专业建设的思考与实践：以北京语言大学为例[J]. 云南师范大学学报（哲学社会科学版），2020，52（02）：143-148.

研究者对资料的使用习惯正在发生着深刻变化，以数字人文[1]、计算社会科学[2]为代表的新研究领域正在快速发展。

这一趋势的背后是研究范式的发展，图灵奖得主吉姆·格雷将科学研究的范式分为经验科学、理论科学、计算科学、数据密集型科学四类，并指出数据在科学研究中的重要性在不断凸显[3]。虽然其论述中更多地在讨论自然科学，但对文科同样具有启发性，尤其是在数据资源不断丰富的大数据时代，文科研究者可以通过数据以前所未有的深度和广度观察世界[4]。因此，有学者将基于数据的新范式视为新文科的重要特征之一[5]。

为了探索数据与文科研究的关系，本节基于中国知网的文献数据进行了分析。此处以 CSSCI（2021）的学科划分为标准，统计了 2012 至 2021 年五个学科的核心期刊论文与数据的关系，结果如图 2-1 所示。图中纵轴表示全文中包含关键词"数据"的核心期刊论文（以下称"涉及数据的论文"）在该学科所有核心期刊论文中的占比，其中涉及数据的论文既包括使用了数据的论文也包括讨论了数据相关问题的论文。从图 2-1 中可以发现，无论是经济学这种已经高度量化的学科，还是语言学、政治学、历史学、哲学等量化程度相对较低的学科，其相关研究成果与数据的关系都在变得更加密切。由此可见，数据在文科研究中的价值正不断显现，数据与文科研究范式的关联越来越密切。

---

1 刘炜，叶鹰. 数字人文的技术体系与理论结构探讨[J]. 中国图书馆学报，2017（05）：1-13.

2 陈浩，乐国安，李萌 等. 计算社会科学：社会科学与信息科学的共同机遇[J]. 西南大学学报（社会科学版），2013，39（03）：87-93.

3 Tony Hey, Stewart Tansley, Kristin Tolle. 第四范式：数据密集型科学发现[M]. 潘教峰 等译. 北京：科学出版社，2012：ix-xxiii.

4 Golder SA, Macy MW. Diurnal and Seasonal Mood Vary with Work, Sleep, and Daylength across Diverse Cultures[J]. *Science*, 2011, 333（6051）：1878-1881.

5 周毅，李卓卓. 新文科建设的理路与设计[J]. 中国大学教学，2019（06）：52-59.

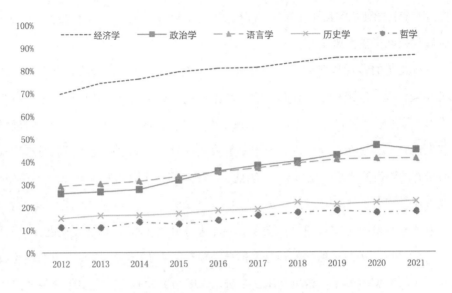

图 2-1 各学科核心期刊论文中涉及数据的论文占比

1.2.2 数据有助于学科交叉

许多学者指出，新文科建设之新重点体现在新交叉。从我国文科发展历程来看，跨学科、学科交叉并不是新概念，其重点并不在于是否交叉而是如何交叉[1]。为了在新时代背景下推动文科内部以及文科与理工科的新交叉，已有学者针对更大跨度的人才培养和合作研究进行了讨论。

而无论是跨学科的人才培养还是合作研究，数据都起着重要作用。这不仅源于数据对文科的重要性正不断提高，更重要的则是源于数据的跨学科属性。对于文科与理工科的交叉，由于理工科整体量化程度较高，数据既能帮助文科学者更好地理解理工科知识，也有助于理工科学者将知识传递到文科。对于文科内部的交叉，文科数据本质上都是从不同角度测量人类社会，数据层面的学科壁垒相对薄弱，同一数据可用于不同学科的知识生产。

本文以几个典型数据为例探讨了数据的跨学科属性。以中国综合社会调查代表结构化的微观数据，以人类发展指数代表结构化的宏观数据，以自媒体文本数据代表非结构化的微观数据，以卫星遥感数据代表非结构化的宏观数据。基于中国知网2012 至 2021 年的数据，使用 CSSCI（2021）的学科划分标准，统计了以上 4 个数

---

1 陈凡，何俊. 新文科：本质、内涵和建设思路[J]. 杭州师范大学学报(社会科学版)，2020，42(01)：7-11.

据的跨学科使用情况。结果如图 2-2 所示，在剔除综合期刊后的 24 个学科中，以上 4 个数据均横跨了至少 20 个学科，尤其是以卫星遥感数据为代表的传统理工科数据在文科研究中正得到越来越多的使用。由此可见，虽然各个学科在数据选择上或有偏重，但并没有坚固的壁垒，因此可通过跨学科的数据推动学科间的交叉融合。

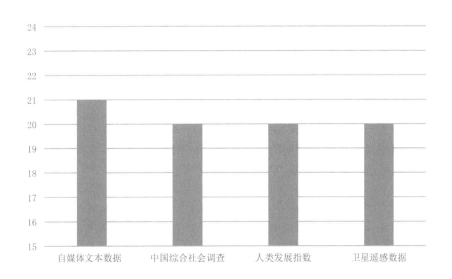

图 2-2　核心期刊论文中使用四种典型数据的学科数量

1.2.3 数据可作为文科与新科技的衔接点

教育部新文科建设工作组组长樊丽明指出"'新文科'之新首先在于新科技发展与文科融合引致的文科新增长点和传统文科专业、课程以及人才培养模式的更新换代"[1]。克劳斯·施瓦布等学者将我们正在经历的新技术革命和产业革命称为"第四次工业革命"，而此次工业革命重要特征在于"技术和数字化在改变一切"[2]，由此可见，数字化的载体——数据——可作为文科与新科技融合的重要衔接点。

新科技发展不仅持续引发新的文科研究课题，还不断创造着研究学习的新方法、新手段[3]，这为文科学者认识世界带来了新可能，文科学者可以利用新数据研究新科技带来的新问题。由于数字化是新工业革命的重要特征，这意味着当下许多新问题

---

1 樊丽明."新文科"：时代需求与建设重点[J].中国大学教学，2020(05)：4-8.

2 克劳斯·施瓦布.第四次工业革命[M].李菁 等译.北京：中信出版社，2016：1-20.

3 同注释1。

涉及的研究对象正在不断被记录为数据，因此研究者可以通过数据更加全面、深入、及时地研究各类新问题，例如社交媒体数据有助于新时代的全球话语研究。不仅如此，通过使用新技术将文科传统研究对象转化为结构化数据，可以使研究者在无须掌握复杂技术的前提下使用数据开展新型研究，数字人文就是其中的典型应用。

综上，数据之于文科正变得愈发重要，在新文科建设的过程中，数据不仅能够作为学科交叉的基础设施，还能够作为文科与新技术结合的衔接点，最终有助于文科知识生产的创新。

2 指数与文科研究

由于指数是量化方法与数据的一种特例，在了解数据与新文科的关系后，再来看指数与文科研究的关系就会更加清晰。

指数可作为部分文科研究领域探索范式转变的切入点之一。数据和量化研究方法在文科研究中正起着越来越重要的作用，一些以质性研究为主要方法的文科研究领域也正在逐渐接受和使用量化方法，这为文科研究范式的转变提供了契机。而指数作为量化方法和数据的特例，凭借其简单易用的特点，可作为部分量化程度较低的研究领域探索范式转变的切入点之一。首先，从方法的角度来看，相较于统计方法甚至更复杂的大数据分析方法，指数方法更为简单易用，通过后续章节的介绍可以发现，指数方法不需要过多的前置知识便可掌握，适合作为量化研究的入门方法。其次，从数据的角度看，相较于微观调查数据、非结构化的文本数据等需要进一步加工处理的数据，指数型数据已经进行了高度凝练，可以直接使用结果数据，易用性更高。

指数可作为学科间交叉融合的平台。指数的重要应用场景在于综合评价，这一过程中的核心问题在于从多种不同维度测量特定研究对象，这为学科间的交叉融合提供了契机。一方面，许多研究对象的测量需要融合多学科的知识。例如在综合评价全球传播能力的过程中，不仅涉及传播学知识，还可能涉及语言学、经济学等多学科的知识，因此全球传播能力指数研究能够为不同学科知识的融合提供平台。另一方面，在这一过程中，由于数据本身没有明显的学科壁垒，同一数据可以供不同学科的研究者使用，而且数据的融合计算方法也已经十分成熟，将代表不同学科知识的数据进行融合有助于新知识的生产，这为多学科知识的交叉融合提供了一种路径。

指数可作为新技术服务于文科研究的载体。科技的发展对文科产生了多重影响，例如，新技术作用于人类社会进而为文科研究带来新课题，新技术提高了人类社会的可测量程度进而为文科研究带来新素材等。而如何使用新素材研究新课题则成为新技术服务于文科研究的重要问题。指数可以从两方面作为新技术服务于文科研究的载体。第一，通过将新的研究对象指数化可以降低文科研究者探索新技术带来的新课题的难度。例如，如果熟悉某类新技术的研究机构围绕这一技术的各类问题构建了系列指数，其他领域的研究者在研究这一问题时可以直接使用指数结果作为研究素材。第二，指数可以作为文科研究者了解新技术的窗口。"第四次工业革命"的核心特征在于"技术和数字化在改变一切"，"大数据时代"的来临就是其重要表现。目前越来越多的指数将传统数据与大数据相结合进行测算，此类指数研究实践有助于研究者了解新的数字化技术。

3 指数在文科研究中的应用：以经济学为例

本节将结合具体实例说明指数在文科研究中的应用情况。由图 2-1 可知，经济学研究的量化程度较高，不仅如此，经济学研究对指数的应用也更为成熟，因此本节以经济学为例，基于 2012 年以来的核心期刊论文探索指数在经济学中的应用趋势以及研究主题的变化。

3.1 研究设计

3.1.1 研究方法

本节主要采用了文献计量与内容分析相结合的方法，同时使用 TF-IDF 算法进行数据分析，所用方法介绍如下。

文献是人类研究成果的主要载体，包括论文、专著、专利等一系列以文字形式记载的信息。文献计量法是对文献特征进行量化分析的方法。文献计量学（Bibliometrics）这一术语于 1969 年提出，普理查德将其定义为"把数学和统计学用于图书和其他文字通信载体的科学"[1]，从这一定义可以看出，文献计量法是通过对文献相关信息的特征进行统计分析发现规律的方法。常用的特征包括引文特征、关键词词频特征、关键词关联特征、作者合作特征等。早期阶段，文献计量主要基于结构化信息进行，例如对于论文而言，通常使用结构化的作者、关键词、引文等字段。随着自然语言处理技术的发展，摘要甚至正文等部分的非结构化信息也逐渐被纳入文献计量的分析范围。

内容分析法（Content Analysis）是"一种对显性内容进行客观的、系统的、定量的描述的研究方法"[2]。相较于通过人工理解直接得出结论，内容分析法更加强调程序的可重复性，通过人工编码并进行描述或推论的方式，内容分析法可以用于描述信息的内容特征、形式特征、推论内容的制造者和接受者、推论内容对受众的影响等。内容分析法是定性定量相结合的方法，通常需要结合研究者的理解对内容进行标注，在这一过程中要求具有一定的可重复性，例如通过统一的编码本使标注过程更为规范，而标注结果则是量化数据，可以使用统计方法对其进行分析。

通过以上介绍可以发现，文献计量法与内容分析法既有相似之处又有所不同。从研究对象来看，文献计量法主要针对文字形式的文献，以期刊论文、专著等科技文献为主，内容分析法的分析对象则更为广泛，不仅包括文本，还包括图像、音视频等各类能够被人理解的对象。从方法论来看，文献计量法以定量为主，内容分析法则以定性为主。但从本质上来看，两种方法都是通过分析信息中的特征来揭示其中蕴含的知识及关联，因此二者具有一定互补性。

TF-IDF（Term Frequency-Inverse Document Frequency）是一种评估特定字词在特定文本中重要程度的一种方法，其核心思想是：（1）如果一个字词在特定文本中出现频率较高，则其在这一文本中的重要性较高，这就是 TF 测量的内容；（2）如果一个字词在所有文本中出现的频率都较高，则其在特定文本中的重要性较低，因为无法区分不同文本间的差异，这就是 IDF 部分测量的内容。在这一思想下，TF-IDF 的计算公式如下。

$$\text{TF} = \frac{\text{特定文本中特定字词出现的次数}}{\text{特定文本中所有字词出现的次数之和}} \quad （2\text{-}1）$$

---

1 罗式胜. 文献计量学概论[M]. 广州：中山大学出版社，1994：1-36.
2 Krippendorff K. Content Analysis. An Introduction to its Methodology[M]. Beverly Hills, CA: Sage, 1980: 1-40.

$$IDF = \log\left(\frac{\text{所有文本的数量}}{\text{包含特定字词的文本数量} + 1}\right) \quad (2\text{-}2)$$

$$TF\text{-}IDF = TF \times IDF \quad (2\text{-}3)$$

通过以上公式可以发现，那些在特定文本中出现频率较高但在其他文本中较少出现的字词更容易得到更高的 TF-IDF 值。在本节中，将每年的所有关键词视为一个文本，则可以通过 TF-IDF 识别出那些在特定年份较为热门但在其他年份出现较少的关键词。

3.1.2 研究流程

基于以上研究方法，本节的具体研究流程如下。

（1）数据采集。首先基于 CSSCI（2021）确定最新版的经济学核心期刊列表，然后使用中国知网的高级搜索功能检索文献，搜索条件如下：论文出自 CSSCI（2021）中经济学分类下的核心期刊，篇名、关键词、摘要中包含"指数"一词，时间范围是 2012 至 2021 年。按照这些条件共检索到论文 4794 篇，然后从中国知网下载这些论文的标题、摘要、关键词等题录信息，完成基础数据采集。

（2）数据标注。本节旨在研究指数在经济学研究的应用情况，因此一项核心工作在于判断这些论文分别使用了哪些指数。虽然部分论文会将所用指数列入关键词，但许多论文则没有这么做，因此需要对摘要进行人工标注，从中抽取每篇论文使用的指数信息，具体包括以下两个字段。第一，指数名称，即摘要中列出的指数的中文名称、英文名称或缩写。第二，指数类型，通过阅读摘要可以发现虽然都称为指数，但其可以分为不同情况：一种情况是论文使用已经得到学界认可的现有指数（例如 CPI）开展研究，本节将这类指数标注为"现有指数"；一种情况是论文根据研究需要自行构建新的指数，本节将其标注为"自建指数"；除此之外，有些指数只是提供了一种计算方法，例如泰尔指数，研究者可以使用这些方法和不同数据研究不同问题，本节将此类指数标为"方法指数"。

（3）数据清洗。在标注完成后，还需要进行数据清洗，本文主要对数据进行了两方面的清洗工作。一是格式清洗，直接从摘要中复制出的指数名称存在一定的格式问题，例如引号形式的不统一、存在空格或异常标点符号等，这些格式问题会影响统计结果，因此要进行清洗，使标注结果的格式统一。二是内容清洗，本文关注的是作为测算方法或结果的指数（index）而非数学中的指数（exponential）概念，通过中文检索"指数"一词会将二者都纳入其中，所以进行数据标注后还需要剔除不包含本节研究内容的论文，最终保留论文4415篇。

（4）指数名称合并。通过对标注结果的初步观察发现，研究者可能对同一指数的名称采用不同表述，例如对于消费者物价指数，有些摘要中使用了全称，有些使用了CPI这一缩写，有些则简写为物价指数，对于一些英文名称的指数，还存在翻译不同和拼写错误的问题。对于这些问题，无法简单地通过精准匹配进行合并，需要进行人工合并。作者对标注出的指数进行了逐一判断，将相同指数进行合并，并对指数命名进行规范。

（5）数据分析。在完成以上工作后，就得到关于指数使用情况的结构化数据，其中既包含指数名称、分类，也包括每个指数对应的关键词，后者可以代表使用指数的具体研究对象或研究问题。以此为基础，可以参考文献计量的方法对结果进行分析，本节重点分析了指数的使用特征和所对应的研究主题的特征，以描述性统计为主，关键词分析部分使用了TF-IDF算法识别特色关键词。

3.2 指数使用特征分析

总体来看，指数在经济学研究中的作用不断凸显，但占比还较低。2012年以来，CSSCI收录的经济学核心期刊中发表论文的数量总体呈下降趋势，但其中使用了指数的论文数量不降反升，其结果表现为使用指数的论文数量在论文总量中的占比总体呈上升趋势，从2012年的3.7%上升到2021年的5.9%。从趋势来看，增幅接近60%，可见指数在经济学研究中的作用正不断凸显。从量级来看，占比的绝对值并不高。这一方面是因为部分使用了指数的论文并没有在摘要中列出指数名称，同时部分指数没有以"指数"二字作为名称的一部分，所以这一数字有被低估的可能；另一方面是因为经济学领域的大量研究问题需要更加微观、原始的数据作为支撑，而指数通常是综合的，其应用范围受到一定限制。

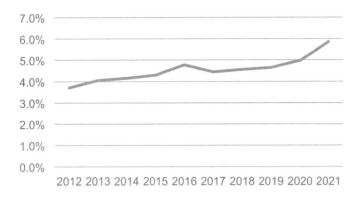

图 2-3 使用指数的论文在总体中的占比（2012—2021）

在标注数据时，将指数分为现有指数、自建指数和方法指数三类，从形式来看可以将其进一步分为两类。第一类是数值型指数，包括现有指数和自建指数，这一类指数是对某一问题的量化测量结果，作为数值用于研究。第二类则是方法型指数，即标注结果中的方法指数，它为研究者提供了针对特定问题的计算方法。在这一分类体系下，不同类型指数的使用量占比如图 2-4 所示。

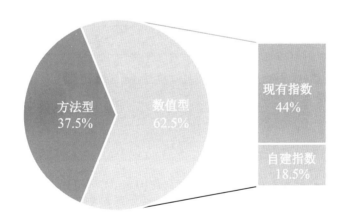

图 2-4 不同类型指数的使用量占比

从图 2-4 中可以发现，研究者在使用指数时，更倾向于使用已经得到学界认可的指数数据或方法，自行构建指数的研究相对较少。4415 篇论文中使用了 2140 种指数，总体来看，被经济学研究者称为"指数"的研究资源可分为数值和方法两种类型。数值型指数占比达到 62.5%，具体来看，论文中出现的数值型指数可以细分为现有指数和自建指数两类，前者是指 CPI、沪深 300 指数等指数型数据，该类占比达 44%，后者是指研究者在论文中自己构建的指数，例如研究者构建了不同的金融压力指数、经济增长质量指数等，该类占比为 18.5%。方法型指数通常是一个或一组计算公式，研究者可以使用这一公式计算结果，例如使用泰尔指数公式计算不同地区、不同行业的泰尔指数，这类指数的占比为 37.5%。

分年度来看，研究者对方法型指数的使用持续减少，而近两年来开始越来越多地自建指数。2012 年，多数研究都是使用现有指数（44.3%）或方法型指数（41.8%）开展研究，自建指数的研究较少（13.9%）。但随着时间推移，这一比例发生了巨大变化。一方面，方法型指数的使用占比总体呈下降趋势，2021 年已降至 27.8%。与此同时，数值型指数中，现有指数的使用占比在 2019 年达到峰值（51.7%）后开始出现下降，在 2021 年降至 35.6%，与之相反，自建指数的使用占比总体从 2019 年开始快速上升，在 2021 年已经追平现有指数使用占比。

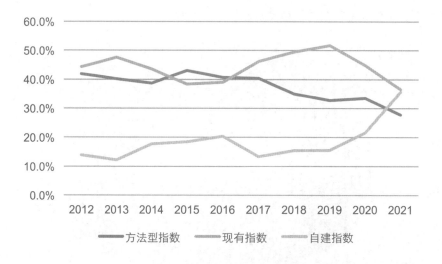

图 2-5　不同类型指数的分年度使用量占比

对于这些趋势，可以从以下几个角度进行思考。得到大量使用的方法型指数通常是经典的西方经济学指数，这类指数已经得到学界认可并经过了多年使用验证，因此在经济学研究中占据一席之地。但随着经济形态的不断发展，越来越多的问题无法直接使用传统方法研究，同时我国学者也在不断探索经济学研究的本土化，这在一定程度上影响了传统方法型指数的使用量。现有指数已经形成了相对成熟的体系，覆盖了经济学研究中的多数重要问题，其体系变化较小，占比也比较稳定。与此同时，经济社会中的许多新现象、新问题还没有现成的指数进行测量，为了量化研究这些问题，越来越多的学者开始根据研究需要构建新指数，导致自建指数的比例近几年出现明显上升。

3.3 研究主题分析

在了解指数的总体使用趋势后，本节将进一步分析指数与经济学研究主题的关系。

3.3.1 总体分析

从论文关键词来看，在使用指数的经济学研究中，全要素生产率是最受关注的主题。多数研究者使用 Malmquist 系列指数测量了不同角度的全要素生产率，也有部分研究者探索了经济政策不确定性指数、普惠金融指数等与全要素生产率之间的关系。此外，经济增长、货币政策、全球价值链、技术进步等主题也得到了较多关注。研究者使用市场化指数、溢出指数、全球价值链指数等现有指数研究这些问题的同时，也构建了经济增长质量指数、货币政策调控指数、双边价值链关联指数等一系列新指数。使用指数进行的研究中出现频次前 20 的热点关键词如表 2-1 所示。

表 2-1　使用指数进行研究的20个热点关键词

序号	关键词	频次	序号	关键词	频次
1	全要素生产率	171	8	制造业	44
2	经济增长	98	9	通货膨胀	41
3	货币政策	77	10	溢出效应	41
4	全球价值链	63	11	国际竞争力	39
5	技术进步	53	12	融资约束	35
6	区域差异	51	13	对外直接投资	31
7	技术效率	47	14	高质量发展	30

（续表）

序号	关键词	频次	序号	关键词	频次
15	地区差异	29	18	竞争力	27
16	比较优势	27	19	产业结构	26
17	经济政策不确定性	27	20	绿色全要素生产率	26

分年度看，全要素生产率近十年一直是研究关注的热点问题，除此之外，2012 至 2019 年间，经济增长、货币政策也得到研究者长期关注。全球价值链从 2016 年开始成为热点关键词。制造业从 2018 年开始跌出热门关键词前五名，经济政策不确定性取而代之成为热门指数并且排名持续攀升。2020 年以来，数字经济、数字金融在指数研究中的热度超越全球价值链，研究者开发了大量相关指数。

表 2-2　分年度热门关键词

2012—2013	2014—2015	2016—2017	2018—2019	2020—2021
全要素生产率	全要素生产率	全要素生产率	全要素生产率	全要素生产率
经济增长	货币政策	全球价值链	全球价值链	经济政策不确定性
货币政策	经济增长	经济增长	货币政策	数字经济
产业内贸易	技术效率	货币政策	经济政策不确定性	数字金融
通货膨胀	制造业	制造业	经济增长	全球价值链

本文用 TF-IDF 算法识别出了不同年度的特色关键词，其中部分关键词的总体热度不高，但主要集中在特定年度，因此能够反映出不同年度的特色研究。例如，2018 年以来，高质量发展开始得到关注，除此之外，2018 到 2019 年间的特色关键词还包括自由贸易协定、金融资产、贸易强国、流动性风险等。2020 年以来，除数字金融和数字经济外，高质量发展、地缘政治风险、金融科技也成为特色关键词。

表 2-3　分年度特色关键词

2012—2013	2014—2015	2016—2017	2018—2019	2020—2021
主观幸福感	菲利普斯曲线	双边市场	高质量发展	数字金融

2012—2013	2014—2015	2016—2017	2018—2019	2020—2021
CO_2 排放	经济周期波动	黑龙江省	自由贸易协定	高质量发展
高新技术企业	企业	熔断机制	金融资产	地缘政治风险
国际市场占有率	综合效率	县域经济	贸易强国	金融科技
黄金价格	CEO 薪酬	隐含波动率	流动性风险	数字经济

3.3.2 不同类型指数分析

在方法型指数中，测量收入差距的泰尔指数是使用量最大的单体指数，但 Malmquist 系列指数的总体使用量更大。此外，国际贸易领域的显示性比较优势指数（RCA）和竞争优势（TC）指数、测量空间相关性的 Moran's I 指数、经济政策不确定指数等也得到较多使用。

表2-4　使用量最多的10个方法型指数

序号	指数名称	使用量
1	泰尔指数	161
2	Malmquist 指数	151
3	显示性比较优势指数 (RCA)	130
4	DEA-Malmquist 指数	103
5	Malmquist-Luenberger 指数	92
6	Moran's I 指数	74
7	经济政策不确定性指数	68
8	竞争优势 (TC) 指数	60
9	产业内贸易指数	50
10	溢出指数	50

在现有指数中，物价、股市相关指数的使用量最大。如表 2-5 所示，使用量最大的单体指数是消费者物价指数（CPI），其次是沪深 300 指数和上证指数，生产价格指数（PPI）的排名也较为靠前。由此可见，物价和股市相关指数在经济学研究

中得到较多使用。北京大学互联网金融发展指数虽然相对其他指数的存续时间较短，但近年来得到研究者大量使用，甚至超过许多老牌指数。除此之外，以谷歌使用搜索指数进行流感预测为里程碑，互联网行为数据越来越多地用于研究社会问题，从表 2-5 中可以发现，能够反映我国网民搜索行为的百度指数在经济学研究中得到了较多使用。

表 2-5　使用量最多的10个现有指数

序号	指数名称	使用量
1	消费者物价指数（CPI）	102
2	沪深 300 指数	78
3	上证指数	45
4	北京大学互联网金融发展指数	42
5	市场化指数	30
6	美元指数	26
7	生产价格指数（PPI）	25
8	多维贫困指数	23
9	百度指数	20
10	人类发展指数 (HDI)	17

结合图 2-4、表 2-4 和表 2-5 还可以发现，虽然总体来看研究者更倾向于使用已经存在的指数而非使用方法型指数，但从单个指数的使用量来看，方法指数的单体使用量并不少。这是因为现有指数的使用量分布具有更明显的长尾特征，在去重后的 1086 个现有指数中仅有 25 个年均使用超过 1 次，而有 860 个在 10 年间仅被使用过 1 次。由此可见，现有指数不仅数量众多，而且使用十分分散。

关于自建类指数，从表 2-6 中可以发现，金融领域的研究者最偏好构建指数。构建数量最多的 10 种指数中有 8 个都与金融直接相关，不同研究者构建了 16 个金融压力指数、8 个投资者情绪指数，普惠金融相关指数达到 14 个。除此之外，研究者也构建了较多的经济增长质量指数和环境污染综合指数。

表2-6 自建类最多的10种指数

序号	指数名称	构建数量
1	金融压力指数	16
2	经济增长质量指数	12
3	环境污染综合指数	10
4	投资者情绪指数	8
5	普惠金融发展指数	8
6	金融发展指数	7
7	普惠金融指数	6
8	利率市场化指数	6
9	金融形势指数	6
10	金融科技发展指数	5

3.4 结果思考

结合本书的写作目标，可以从以下几个方面来思考本节的分析结果。

第一，指数在文科研究中的应用还有巨大发展空间。在文科中，经济学属于量化程度较高的学科，通过以上分析可以发现，经济学中指数的应用仍在增多，由此可见，即使是已经高度量化的学科，指数的应用仍有发展空间。而对于一些量化程度较低的研究领域，其中的空白或比经济学更多，这为指数研究提供了巨大的空间。

第二，指数可用于多种类型的研究问题。在文科研究中，固然有部分研究对象不宜进行量化，但除此之外许多类型的问题都可以尝试使用指数方法进行研究，尤其是具有一定复杂性、综合性，同时更偏向描述性的问题，更适合使用指数方法进行基线测量，完成测量后，可将指数结果进一步用于解释性和预测性的研究。

第三，指数在新问题的研究中具有优势。从主题分析部分的结果可以发现，指数研究在经济学领域的经典问题和新问题中都得到了应用，说明指数在这些问题中都有用武之地。但相对而言，研究者越来越多地通过构建新指数研究新问题，尤其对于一些新颖、重要但没有综合测量结果的问题，通过构建指数完成基线测量能够为相关研究做出重要贡献。

4 小结

在新文科建设的大背景下，数据与文科研究的关系正变得日益密切。随着文科资料数字化的快速发展，数字人文、计算社会科学等基于数据的新范式正逐渐融入文科研究。同时，共同使用跨学科的数据有助于推动文科内部以及文科与理工科的新交叉。除此以外，由于第四次工业革命的重要特征在于数字化，因此数据可以作为文科与新科技融合的重要衔接点。

而在众多数据类型中，指数凭借其易用性、综合性等特点，有助于推动数据与文科研究的融合。并且通过对经济学领域核心期刊论文的研究可以发现，即使在经济学这种已经高度量化的学科中，指数的作用仍在不断上升，许多主题都可以使用指数方法进行研究。而对于那些量化水平目前仍较低的学科，指数的潜力则更大。本书后续章节旨在通过对指数方法深入浅出的介绍，使更多文科研究者更好地掌握指数方法，进一步激发指数这一工具在新文科研究中的价值。

第三章　指数研究流程

从本章开始，将正式进入关于指数研究方法的讨论。在介绍具体技术方法之前，本章将从整体上介绍指数研究的流程，使读者能够首先了解到如何完整地开展指数研究。

总体来看，指数研究可分为确定题目、选择指标、采集数据、处理数据、合成指数、评估结果六步。图 3-1 大体描绘了指数研究的一种常见流程，本章前六节将结合具体案例介绍六个步骤的核心思想与主要目标，具体研究方法将于第四章到第十一章详细介绍。需要指出的是，六步间的递进关系并不是绝对的，图 3-1 仅描绘了一种常见情况，本章小结部分将讨论这一问题。

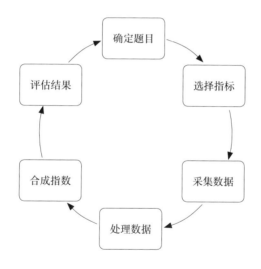

图 3-1　指数研究常见流程

1　确定题目

好的题目是指数研究能够顺利开展的前提。因为指数具有综合性、量化性、对比性等特征，并不是所有的题目都适合通过指数方法进行研究，如果题目和方法不匹配则会导致后续工作开展困难，因此，本章首先讨论如何确定适合指数研究的题目。

此处结合一个具体研究任务来讨论研究问题的选择。从前两章的内容可知，指数不仅对社会产生着重要的影响，在文科研究中发挥着越来越重要的作用，与此同时，指数的数量也在爆炸式地增长。这一背景下，指数的使用者可能需要从海量指数中筛选出优质指数，此时，如何对指数本身进行评价就成为一个重要问题，即如何通过对现有指数进行评价以帮助人们更好地认识和使用指数。此时的任务是构建一个关于指数的指数，为加以区分，本章将需要评价的指数称为"待评价指数"，将用于评价待评价指数的指数称为"元指数"，意为关于指数的指数。在元指数研究中，从确定题目的角度来看，可以考虑以下几个问题。

（1）是否有足够的认知难度。指数的重要作用之一就是对复杂问题进行简化，由此可见，指数研究的问题通常具有一定的认知难度。例如，在元指数任务中，如果只需要评估各个指数存续时长，则不需要进行指数研究，使用描述性统计即可。但事实上，仅靠存续时长无法确定特定指数的价值，人们在认知和使用指数的过程中可能还需要考虑指数是否值得信任、是否具有影响力等多方面的问题。因此，评价指数是一个相对复杂的问题，其包含多个评估维度，无法简单地直接评估，具有足够的认知难度，适合指数研究。

（2）是否有具体的评价角度。指数研究通常聚焦于具体的评价角度，而不是笼统地评价事物的方方面面。虽然出于简洁性的考虑，在实践中许多指数没有把具体评估角度放入指数名称，但从指标体系可以看出，多数指数都仅评估了事物的核心要素或聚焦于特定方面，如果无法有效识别这些核心要素或重要方面，则难以提供具体的评价角度，指数研究将失去焦点。以元指数为例，虽然这个题目十分笼统，但是课题组通过前期调研发现人们对指数的评价具有一定共性，其科学性、重要性、影响力、价值观等方面是被提及较多的共性评价标准，这为元指数提供了具体的评价角度。反之，如果在前期调研中发现，人们对指数的评价没有共性，无法聚焦于少数几个评价角度，则难以进行元指数研究。

（3）是否有足够的对比对象。单一数字的价值通常小于数字间对比，例如在高考中，单看一个人的成绩意义不大，因为录取工作是按照考生成绩在所有报考者中的排名进行的。这引出了指数的另一个重要作用，即通过对比使人们更好地认知事物，因此当需要对比的事物较多时，指数方法将更为适用。如果只有极少数的评价对象，只有认知难度极大的问题才有必要进行指数研究，如果评价对象极多，认知难度较低的问题也适合进行指数研究。需要指出的是，此处的对比不仅包括同类对象的横向对比，还包括同一对象的时序对比，后者构成的是时序指数。在元指数研究中，目前世界上有不计其数的指数，仅我国经济学期刊论文中使用过的指数就已经超过了 2000 种，对这些指数进行打分和排名能够使人们更好地了解其中的每一个指数，因此该问题适合指数研究。

（4）是否有科学的量化方法。指数的核心特点之一是通过量化数字评估对象，因此只有当研究对象具有可量化性时才适合开展指数研究。可量化性通常需要结合评估角度来看，在确定题目环节并不需要列出备选指标一一评估是否可以量化，只需要根据评价角度和已有研究初步判断是否能够使用科学的量化方法对这些角度进行测量。以元指数为例，结合科学计量学的现有研究可知，上文提到的科学性通常使用科技文献测量，重要性和影响力可以通过媒体信息测量，但价值观判断通常难以量化测量。因此元指数总体具有可量化性，但仍存在需要解决的问题。

（5）描述性还是解释性。通过对待评价指数的回顾可以发现，指数通常是描述性的，即指数本身的功能通常仅仅是对状态进行测量，而无法直接回答事物的原因。这并不是说指数与解释性问题完全无关。指数的测量通常用于回答"是什么"的问题，而完成指数测量后，可以将其用于因果推断模型进一步回答"为什么"的问题。因此当所研究的是描述性问题时，指数方法更为适用。对于元指数而言，该问题是要对评价指数的现状进行描述，因此适用指数方法。

综上，指数方法更适用于研究通过具体维度评估对一系列对象进行描述进而回答具有一定认知难度并且可量化的问题。

2 选择指标

在确定指数研究的题目后，下一步通常是根据题目中确定的研究角度选择相应的指标从不同侧面反映研究对象，如果指标间构成一定层级关系，这一步工作也被称为指标体系设计。本书将重点讲解系统性的指标体系设计，相关知识同样适用于更简化的指标选择。

指标体系构成了指数的整体框架，同时也是指数使用者评估指数科学性、合理性等方面的重要依据。指标体系设计是指数研究的核心工作之一。为了使指数能够更好地反映研究对象并且得到使用者的认可，在指标体系设计环节需要遵循一定的原则，例如科学性、简洁性、完备性、可行性、独立性等，同时设计工作也要有充足的依据，例如基于研究文献、实证结果、政策文件等，第四章将结合案例详细解读以上内容。

本节将首先介绍三种常见的指标体系，包括构成要素型、结果表征型、影响因素型。虽然不同类型的指标体系在设计方法上没有显著差异，并且在实践中有些情况下不同类型的指标也会混合使用，但是通过辨析以上三种类型的指标体系有助于更好地理解指标体系设计，避免不自觉的类型混杂影响研究结果。

（1）构成要素型。构成要素型指标体系的基本思想是，事物由不同的部分组成，可以通过评价不同组成部分实现对总体的评价。如上文所述，指数研究通常是"对象＋视角"的模式，因此在分解要素时，既可以分解对象，也可以分析视角，相较之下后者更为常见。以"组织实力指数"为例，其研究对象是"组织"，因此指标体系可以分为组织的各个部门，首先对各个部门的实力进行评价，然后合并为组织实力。但因为不同组织可能由不同部门组成，这种方法可能不适用于横向比对，而更多地用于时序指数。同时，也可以将"实力"这一研究视角分为硬实力和软实力，然后再将硬实力和软实力逐层分解，由于这一视角适用于不同组织，因此可以同时用于截面指数和时序指数。

（2）结果表征型。结果表征型指标体系的基本思想是，事物的不同状态会产生不同的结果，可以通过观察结果来反推事物的状态。以元指数为例，其核心目标是帮助人们从众多待评价指数中找到更"好"的指数，但是何为"好"本身很难定义。通过前期调查发现，人们在评价指数优劣时经常会根据其使用情况来判断，例如被政府使用过的指数优于没有被政府使用过的指数、被权威文献使用过的指数优于没有被权威文献使用过的指数等等。此处，被政府使用、被权威文献使用可以视为指数优劣状态的一种结果，即"好"指数更容易被政府和权威文献使用，因此可以通过观察待评价指数的使用情况对其进行评估。

（3）影响因素型。影响因素型指标体系的基本思想是，事物的状态是各种因素共同影响的结果，可以通过综合评价影响因素的状态评估事物的状态。这种类型的指标体系通常用于研究对象或视角比较抽象的场景中。具体来看，如果研究对象或视角不易被直接观察，既难以分解其构成要素又难以观察其表征结果，但其影响因素相对清晰时，则更适宜使用影响因素型指标体系。例如针对特定对象的风险指数，风险在暴发之前可能不易被观察到，但是根据现有研究或案例可以发现某些指标可能是风险的影响因素，此时可以使用这些指标组成影响因素型的指标体系，进而通过这些影响因素的综合变化评估风险的变化。

以上几类指标体系并非完全独立，但在同一级指标中更适合使用同一类型的指标体系，例如可以一级指标采用构成要素型指标体系对事物进行分解，二级指标使用结果表征型指标体系观察每个要素的不同结果。为了保持指标间的可比较性，使指标间的逻辑关系更为清晰，在没有特殊依据的情况下，应尽可能避免同级指标使用不同类型的指标体系。

3 采集数据

在确定指标体系后，就可以根据指标体系采集对应的数据，第五章将介绍数据采集的常用方法，以及互联网数据采集的实践案例。本节将介绍数据采集的两个重要问题，即数据类型和数据可比性。

按照不同标准，数据可以划分为多种类型，本节仅讨论与指数研究相关的一类划分标准，即按照测量尺度划分。统计学中将数据按照测量尺度划分为定类（nominal）、定序（ordinal）、定距（interval）、定比（ratio）四种类型，其含义与例子如下。

（1）定类数据。定类数据只是对事物或其属性进行分类，不同数值代表不同类别，但数值大小不可比。例如，可以赋给不同语言不同数值，如1、2、3分别代表汉语、英语、德语等，在不考虑研究问题的情况下，以上语言并没有高低之分，因此数值仅代表类别，既不能比较大小，也不能进行四则运算。

（2）定序数据。定序数据是在分类的基础上赋予了各类别一定顺序，使不同类别之间能够进行比较。例如，可以使用数字1到6分别代表小学、初中、高中、专科、本科、研究生六类学历。从这个例子可以发现定序数据的特点，数字越大说明学历越高，数值之间可比，但研究生减去小学并不等于本科，研究生减去本科也不等于本科减去专科，即不同类别间的距离并不相等，数值仍然不能进行四则运算。

（3）定距数据。可以将定距数据视为定序数据的进一步发展，不仅其取值能够比较大小，而且取值间的差异也能够比较大小。例如经过严格设计的量表结果是定距数据，以李克特七级量表为例，受访者可以使用1分至7分之间的一个得分代表其对某一观点的认可程度，此时不仅可以知道7分大于6分，还可以知道7分与5分的间距与5分与3分的间距是相同的，因此可以对定距数据进行加减运算。但因为定距指标没有绝对零点，所以进行乘除运算的结果没有意义，例如在量表中 7 分并不代表 1 分的 7 倍。

（4）定比数据。可以将定比数据视为具有绝对零点的定距数据。例如，对于年龄而言，不仅可以知道 18 岁大于 17 岁，还可以知道 18 岁与 17 岁的差异同 19 岁与 18 岁的差异一样都是 1 岁，符合定距数据的特征。不仅如此，由于年龄具有绝对零点，即 0 岁，因此可以对其进行乘除运算，例如 18 岁是 6 岁的 3 倍。

在指数研究的实际应用中，在不需要进行乘除运算的场景中，可以不区分定距和定比数据，如果需要加以区分，则可以根据是否存在绝对零点判断，即当指标取值为 0 时是否代表属性是无。例如 0 岁（小数点后均为 0）就是没有年龄，属于定比数据，但 0 摄氏度并不是没有温度，属于定距数据。

在指数研究中，由于需要通过量化方法将不同指标合成为一个指数，这一过程中不可避免地使用四则运算，因此，理想情况下希望所用的数值是定距或定比数据，通过这两类数据测量的指标常被称为"定量指标"。但现实却是，在很多情况下我们无法通过定距或定比数据测量所有指标，只能得到定类或定序的"定性指标"。例如当我们研究不同国家在某一细分领域的法律法规时，可能各个国家只有是否出台了相关法律法规两种状态，此时这就是一个定类或定序数据，但如果这一指标十分重要而无法删除，则涉及定性和定量指标综合分析的问题。对于这一问题，其解决方案的核心思想是尽可能使定性指标不同类别间的差距相等，以减小测量尺度带来的误差，具体方法将在第七章数据处理和第八章指数赋权部分举例说明。

4 处理数据

理想情况下，我们希望采集到的数据干净、整齐、一致，但现实中我们却常常遇到各种各样的数据问题，需要花费大量时间和精力对数据进行处理，其中最常见的两类问题分别是数据质量和数据可比性。

对于数据质量，有不同的界定方法。一种界定从数据自身特征出发，考察数据符合特定标准的程度，例如数据是否完整、是否有错误等，这称为数据的客观质量。另一种界定从数据使用者的需求出发，考察数据满足使用者需求的程度。例如同样是 2021 年数据，当其在 2022 年被使用时，部分使用者认为这是最新数据，能够满足需求，但另一部分研究者可能认为这一数据已经过时，这主要取决于研究问题对数据及时性和时间精度的要求。此处主要讨论数据的客观质量。在指数实践中，常遇到的客观数据质量问题包括数据不完整、数值错误、离群点等。

（1）数据不完整，也被称为缺失值问题。例如，某一指标中少数样本没有被测量到，此时无法将这一指标与其他指标合并运算。处理缺失值问题的目标是使指标变得可合并运算，既可以选择通过补齐缺失值使结果尽可能接近真实情况，也可以选择删除包含缺失值的指标或样本规避缺失值对运算的影响。具体选择依据、处理方法以及操作的注意事项将在第七章讨论。

（2）数值错误。如果数据采集过程经过了严格控制，则数据中出现数值错误的可能性较小，但有时仍无法避免这种情况的出现。例如，从某一网站采集了特定指标，采集过程没有出现问题，但网站提供的数据是错误的，此时结果也会出现错误。再如，当数据量较大时更可能出现数据录入过程中的错误。对于这些问题，可以通过选择可信的数据源尽可能降低从源头出现错误的可能，同时可以在数据采集和录入过程中采用交叉验证的方法，由不同人采集和录入同一数据，如果结果一致，则存在数值错误的可能性更小。此外，对于采集结果，也可以结合数据特征和领域知识判断其是否存在错误。如果出现数值错误，可以通过回溯原始数据进行数据校验，也可以将其视为缺失值，进而采用缺失值的处理方法。

（3）离群点。严格地说，离群点不一定是数据质量问题，但是在指数研究中其可能产生很大影响，而且可能被认为是数值错误，因此将离群点问题放在数据质量部分一并讨论。离群点，也称异常值、极端值等，是指那些与同一指标下其他取值差异极大的点，例如某一指标的 100 个样本中，99 个样本取值范围都在 0 到 100 之间，但有一个样本得分却达到 1000 分，此时通常称这个 1000 分的样本为离群点。对于离群点的界定，并没有绝对的标准，通常根据数据分布判断。当出现离群点时，一种思想是将其视为数值错误问题，采用上文提到的方法进行处理，另一种思想是将其视为特定数据分布下的正常值，采用改变分布或设置阈值等方法处理，详见第七章。

数据可比性关注的是来自不同数据源、不同测量方法的数据是否能够合并运算。常见问题包括量纲、方向和分布的一致性等。

（1）量纲一致性。量纲一致性问题来源于测量工具。如果所有指标都采用同一工具、基于统一标准测量，例如全部来源于同一量表，则指标间的量纲通常是一致的，即取值范围相同、数值间距相同，此时可以直接进行运算。但如果采用不同测量工具，则可能出现取值范围和间距不同的问题。例如对于有上下限的数据，可能部分取值在 [0，1] 的区间，部分取值在 [0，100] 的区间，有些数据可能没有明确的上限，[0，+∞] 的取值均有可能，此时将无法对其直接进行合并运算，因此需要根据数值特征和研究需要对数据进行处理。

（2）方向一致性。指标方向需要根据研究问题判断，例如在研究组织风险指数时，负债率可能是一个正向指标，即负债率越高则风险越大，反之，在研究组织稳健指数时，负债率则可能是一个负向指标，即负债率越低则越稳健。数据方向一致性的含义是，所有数据都要与研究问题保持相同方向。一方面，当数据方向相同时，在计算环节可以采用一致性的方法，例如均采用加法而无须加减法混用，使过程更清晰直观。另一方面，数据方向与研究问题一致也能使指标体系与各级指标的结果更容易理解，不易使读者产生混淆。方向一致性是软性要求，通常建议进行这一处理，但如果计算过程得当、结果说明清晰，这一步也可以省略。

（3）分布一致性。数据分布可能对结果产生重要影响，以区间 [1，10] 上的指标 A 和指标 B 为例，指标 A 服从正态分布，多数值分布在均值（5.5 分）附近，取值较大（10 分）或较小（1 分）的概率均较低，指标 B 服从幂律分布，多数值都较小（1 分），小部分值较大（10 分），因此均值较低（例如 2 分）。此时不难发现，同一个得分在指标 A 和指标 B 中的含义并不相同，例如 5 分在指标 A 中仅接近平均水平，在指标 B 中则远高于平均水平。如果指标服从相同分布，则其更容易满足指标间等距的要求，例如不同指标中从 1 分到 2 分代表的含义是相同的。在实践中，如果遇到分布不一致的数据，则需要根据指标的实际含义对数据进行处理，最终目标是使处理后的数据尽可能服从指标间等距的要求。

5 合成指数

综合评价类指数的重要特征之一在于通过多个指标评价研究对象的不同维度，那么如何将多个指标合成为最后的指数就成为一个重要问题。具体来看，指数合成可以拆解为两个子问题：第一，不同指标间的重要性是否相同；第二，采用何种算法进行合成。前者称为赋权问题，后者称为合成算法。

关于赋权问题，如果假设指标间的重要性没有差异，则可以采用等权法直接对处理后的数据进行合成，反之，如果假设指标间的重要性存在差异，则需要根据各个指标的重要性赋予其不同权重。此时的核心问题在于如何界定并测量各个指标的相对重要性。

为了回答这一问题，不妨先看一下指标的构成。表面来看，每一个指标都至少由指标名称和得分数值两部分构成。从更深层来看，从上文选择指标部分的讨论可以发现，指标名称背后代表的是关于研究对象特定维度的知识，从采集和处理数据的讨论可以发现，不同指标在测量尺度、分布等方面可能存在差异。由此出发，可以通过以下两方面评估指标的相对重要性。

（1）通过指标含义判断。其基本理念十分清晰，特定指标测量研究对象的特定维度，如果在现有知识体系中，某一维度比另一维度重要，则用于测量前者的指标也相对重要。具体来看，对于上文提到的三种指标体系类型，在构成要素型指标中，占比越大的要素对应的指标越重要，结果表征型指标中，与研究对象越相关的结果越重要，影响因素型指标中，对研究对象影响越大的指标越重要。当同级指标属于同一类型时，这种比较更容易进行，这也是同类型指标的优势之一。具体判断方法上，最常见的是借助专家知识进行判断，此处的专家知识既包括研究文献，也包括专家直接评估，层次分析法是通过指标含义判断相对重要性的典型方法。

（2）通过指标取值判断。指数是知识与数据的结合，因此数据本身的特征也会影响指数结果。从单个指标来看，与数据分布密切相关的均值、方差等特征在不同指标上可能有不同表现，而这些特征会对最后结果产生重要影响，为了使结果更接近现实，有些情况下需要根据指标取值判断其相对重要性。例如，指标 A 虽然在概念上很重要，但是由于测量工具精度不够，导致无法区分样本间的差异，多数样本得分十分接近，如果此时赋予指标 A 过大的权重，可能导致结果区分度不够。再如，指标 B 虽然在概念上十分重要，但其测量结果分布十分极端，少数样本得分极高，多数样本得分极低，如果此时赋予指标 B 过大的权重，可能导致最终排名靠前的结果完全由指标 B 决定，也就失去了综合评价的意义。从多个指标来看，通过对指标取值的计算能够找出特定权重以满足特定研究目标，例如使最终结果的内部差异尽可能大或尽可能小，或者使结果更接近某种理想状态。

在明确指标间的相对重要性后，就可以将各个指标合成为最终结果。这一步最常用的方法就是加法合成法，将统一量纲后的指标直接乘以权重并求和。加法合成法通俗易懂，而且适用于绝大多数场景，但也存在一定局限性，其中最关键的是指标间的线性补偿问题。线性补偿问题指的是，一个样本即使在部分指标上得分很低，但只要其在其他指标上得分较高，合成后的结果就会达到中间水平，这在一定程度上掩盖了样本的短板。在部分现实场景中，短板指标可能对结果产生重要影响，并且这种影响不能被长板指标弥补，此时乘法合成法将更为适用。此外，在更为具体的应用场景中，还可以根据与理想点的距离、排序、分布、相对值等进行指数合成，具体方法将在第九章介绍。

6 评估结果

通过以上五步，可以完成指数的测算。在一项严谨的指数研究中，此时还需要回答一个重要问题，即指数结果是否正确。正确是一个笼统的概念，在实践中通常表述为科学、可信、有效等。这里存在一个难点，在许多情况下，指数研究的背景正是缺乏对研究对象的量化测量，当指数对其进行量化后可能无法直接通过与现有标准的比对验证自身正确性，因此在实践中通常只能部分或间接地评估指数结果。常见的四种评估思路如下。

（1）从程序上评估指数的科学性。通过以上几个步骤的讨论可知，指数的量化由选择指标、采集数据、处理数据、合成指数四步构成，如果以上每一步都严格遵循了得到学界认可的科学方法，则更有信心认为指数结果具有较高的科学性。例如，在选择指标环节严格遵循了各项原则，不仅完整地回顾了相关研究，还通过专家论证、实证检验等方法对相关指标进行了全面评估，最终确定严谨的指标体系；在采集数据环节，充分评估了测量工具的信度和效度，对数据进行了严格校验；在数据处理中，充分评估了数据质量的各个维度及其对结果的影响，采用符合数据特征与研究需要的方法对数据进行了处理；在合成指数环节，论证了不同赋权及合成方法的效果，进而选择最符合具体任务的方法。以上各个步骤的依据越充分、工作越严谨，则出现错误的可能性越低，最终结果的科学性就越强。

（2）基于重复测量评估其可信性。可信性也称信度，信度检验的核心思想是，如果通过多次重复测量能够得到相同或相近的结果，则测量结果的可信性较高[1]。基于这一思想，一方面可以尝试对各个指标进行多轮测量，评估单个指标的信度。在操作中，可以使用同一测量工具在不同的数据源、不同时点进行测量，例如使用同

---

1 艾尔·巴比. 社会研究方法(第十四版)[M]. 邱泽奇 译. 北京：清华大学出版社，2020：133-136.

一量表对不同样本进行测量、对于同一样本进行多次测量等，多轮测量结果的一致性越强，结果越可信。另一方面可以尝试采用多种方法进行赋权与合成，例如对于同一批数据，可以同时尝试基于指标含义赋权和基于指标取值赋权，同时尝试进行加法合成与乘法合成，如果不同方法得到的指数结果十分接近，则更有信心认为指数结果是可信的。与这一思想相似，也可以通过结果的稳健性评估其可信性。例如在小幅调整权重后再次计算指数结果，如果结果排名没有受到影响或影响较小，则说明结果较为稳健，反之，如果结果排名发生明显变化，则说明现有结果没有处于稳定状态，难以判断哪种结果更为可信。

（3）基于部分结果评估其有效性。有效性也称效度，其关注的是测量结果在多大程度上反映了需要测量的内容[1]。由此可见，最直接的效度评估方法是将测量结果与实际情况进行对比。对于上文提到的难点，即指数研究的背景正是缺乏对研究对象的量化测量，替代方案是进行部分比较。例如，对于指数的 100 个样本，虽然现有研究中没有完整的测量，但已经发现样本 A 的水平是样本 B 的两倍、样本 C 与样本 D 水平相当，此时能够以此为依据判断测量结果是否有效，部分测量结果与现有研究的一致性越高，则越有信心认为测量是有效的。再如，虽然不知道样本 A、B、C、D 的具体水平，但现有研究表明四者的排序从高到低依次是 B>D>C>A，如果测量结果的排序也是如此，则可以对测量的有效性更具信心。

（4）对比相关指标判断其有效性。建构效度是评估效度的另一种方法，用于评估测量工具是否反映了概念与命题的内部结构[2]，核心思想是如果两个理论上存在相关性的概念在测量结果上也相关，则更有信心认为测量结果是有效的。在实践中，可以通过两种方法评估指数的建构效度。第一种方法是基于指标间的相关度评估。虽然不同指标测量的是研究对象的不同方面，但因为在概念上都归属于研究对象，因此部分指标可能是理论相关的，此时可以通过相关系数判断各指标间的相关性，如果理论相关的指标在结果上也相关，则能够增加对结果有效性的信心。第二种方法是引入外部指标评估相关性。例如已知指数中的指标 A 与外部指标 Y 在概念上相关，指标 Y 有现成数据，则可以通过指标 A 与指标 Y 的相关性判断测量有效性，此时二者相关性越高、指标 Y 越权威，则测量的有效性越高。

---

1 艾尔·巴比. 社会研究方法（第十四版）[M]. 邱泽奇 译. 北京：清华大学出版社，2020：136-137.
2 袁方. 社会研究方法教程[M]. 北京：北京大学出版社，2004：195.

7 小结

本章从确定题目、选择指标、采集数据、处理数据、合成指数、评估结果六个方面讨论了指数研究的一种常见流程，按照以上流程就能够完成一项完整的指数研究。在实践中，根据具体情境的不同，需要灵活调整研究流程。此处仅举两例作为补充说明。

在有些情况下，指数研究的起点可能是数据，即指数研究的出发点是对现有数据进行开发，此时不需要再次进行数据采集，只需根据数据确定研究题目并选择指标即可。此外，在常被称为"数据驱动"类型的指数研究中，连指标选择都可能从数据出发，甚至可以使用自动化的算法跳过人工选择指标的环节。

在具体实践中可能遇到多轮循环的情况，例如最初确定了题目 A，并进而一步步开展了指数研究，但最终在数据采集和处理环节发现题目 A 的关键指标没有采集到数据或者采集到的数据质量较差，最终结果也没有通过检验。但同时，采集到的指标能够反映题目 A 的一个子问题 a，此时一种解决方案是从题目 a 出发再次走一遍流程，如果最后结果通过验证，则可以将最终题目调整为 a。

通过以上两例可以看出，指数研究要结合研究情境、数据情况等多方面具体情况灵活理解并组织本章提及的六个步骤，进而使指数研究在满足研究需要的同时尽可能地保证其科学性。

第四章　指标体系设计

在第一章中曾讨论过，按照核心指标的数量可以将指数分为单核指数和综合指数。其中单核指数的指标构建相对简单，只需要选择一个最能反映研究对象的指标作为核心即可，而对于综合指数，如何选择一系列指标并使之形成体系则并非易事。本章将从这一问题出发，探讨综合指数构建过程中指标体系的设计原则与方法。

1　指标体系的设计原则

对于社会科学类的指数，指标体系的设计通常没有十分严格、标准化的操作方法，甚至可能带有一定主观性。为了尽可能避免主观设计指标体系产生的各类问题，保障指数研究后续工作的开展，并且使指数成果能够得到学界和业界认可，在指标体系设计过程中通常要遵循一系列原则。几种常见设计原则如下。

1.1 科学性

在严格的实证主义语境下，科学通常是指合乎理性的知识系统，其可检验、可还原，是一种程式化的事业，科学性强调采用标准化的方法将知识建立在可检验的客观经验数据基础上[1]。但事实上，这种严格的标准即使在通常被称为"硬科学"的自然科学中也难以绝对实现，而在被称为"软科学"的社会科学中则更加难以实现。

为了更好地理解社会科学中的科学性，可以先观察一个常常与之相伴的概念——客观性。有学者将科学的客观性分为三类：（1）绝对客观性（absolute objectivity），即科学反映现实的能力；（2）学科客观性（disciplinary objectivity），即在专业学科

---

1 江文富，常红. 科学性问题的哲学解释学解析——解释学语境下的生命文化学之科学性辩护[J]. 哲学研究，2015（09）：108-113.

群体内达成共识的能力;（3）机械客观性（mechanical objectivity），即通过遵守规则使个人因素难以影响科学结果[1]。

在社会科学中，科学性和客观性通常不是指绝对意义上的科学和客观，更多地是指使用已经得到学术共同体认可的知识、方法，在特定规则下开展研究，进而使研究成果在共同体内部达到一定程度的共识。在这一定义下，指标体系设计的科学性原则可表现在以下两个方面：

（1）基于学术共同体认可的资料设计指标体系。在构建指标体系时，首先需要搜集关于研究对象的现有资料，并按照资料的类型（论文、政策文件、新闻等）、来源（是否为核心期刊、是否为权威机构）等特征对其进行分类，进而根据研究需要筛选资料。在这一过程中，应尽可能选择使用得到学术共同体认可的资料作为指标体系的设计依据，例如核心期刊中的论文通常是经过业内专家评审并认可的成果，将其作为设计依据有助于提高指标体系的科学性，除此之外相关领域知名专家的成果、国家政策法规等也常作为设计依据。

（2）采用规范方法设计指标体系。当现有资料不足以指导构建指标体系时，通常需要采用经验方法挑选和组织指标。在这一过程中，采用规范的研究方法有助于减少研究者主观因素的影响。在方法上，可以选择问卷、访谈等调查方法，而无论采用哪种方法，在问卷、访谈提纲等工具设计上都应该遵循严格的科学规范，例如自研问卷需要进行信度和效度检验、访谈和编码过程应遵循研究规范等，方法的规范性也有助于提高指标体系设计的科学性。

1.2 简洁性与完备性

在指标体系的设计中，需要同时考虑其简洁性和完备性。严格来看，这两个原则是互相矛盾的，不可能同时实现绝对的简洁和绝对的完备，因此需要在二者之间寻求平衡。

简洁性是指通过尽可能少的指标测量研究对象。简洁的指标体系具有以下两方面的优势。（1）突出重点。通过少数指标紧扣研究问题的核心点，能够更好地突出指数要反映的关键问题，避免其被淹没在重要程度较低的庞杂信息中，如第一章所

---

1 Porter TM. Trust in Numbers[M]. New Jersey: Princeton University Press, 1996：3 - 8.

示，许多重要指数都只有一个核心指标。（2）减少不确定性。综合评价类的指数是一个复杂系统，其结果受到数据类型、数据分布、数据处理、权重计算、合成方法等多重因素的影响，指标体系越复杂，指数在量化阶段的不确定性就越强，最后的结果可能越不清晰。

完备性是指尽可能全面地测量研究对象。简洁指标体系的优势建立在一个大前提下，即涵盖了研究问题的所有核心点，这就是完备性原则。完备性原则是为了避免出现以下问题。（1）指数名实不符。综合指数通常用于测量复杂系统，如果复杂系统的关键组成部分没有被纳入指标体系，则会使指数无法有效反映这一系统，导致名实不符。（2）指数过于偏颇。当指标过少时，可能因为测量范围有限导致结果系统性偏向某些方面，例如影响因子作为科研成果评价的重要指数，其只有"引用量"一个核心指标，这导致其结果无法完整反映科研成果的影响力，因此虽然其至今仍起着重要作用，但一直面临许多批判。

综合考虑简洁性和完备性后，可以将第二原则界定为"在不遗漏核心指标的前提下，使用尽可能少的指标尽可能全面地测量研究对象"。

1.3 可行性

从实践的角度，在设计指标体系时通常需要考虑各个指标能否被有效地测量，进而完成指数的测算，这就是指标体系设计的可行性原则。

可行性原则是概念重要性与指标可测量性之间的权衡。如果不考虑可行性，根据完备性原则，研究者通常希望把研究对象的重要维度全部纳入指标体系，但是在现实中，经常会遇到指标无法被有效测量的情况，此处仅举几例：

（1）指标缺失值过多。假设以全球所有国家和地区作为指数研究对象，可能面临的一个重要问题是许多指标不能覆盖多数国家，数据存在缺失值。如果只存在个别缺失值，可使用技术方法进行插补，但如果存在大量缺失值，则通常认为指标不可用。

（2）测量口径不一致。当使用现有数据，例如使用宏观数据构建指数时，可能遇到指标口径不一致的问题，例如各国在测量类似指标时采用了不同的标准会导致数据不可比。

（3）数据过于敏感。当使用现有数据构建指数时，有些数据还可能存在过于敏感的问题，例如涉及个人隐私、商业秘密等，导致数据披露可能违反研究伦理，此时可行性较低。

（4）缺乏科学的测量工具。当没有现成数据可用时，需要研究者自行测量，此时如果没有科学的测量工具，例如有些指标难以通过问卷等社会科学常用方法获得，就会导致指标不可行。

（5）指标采集成本过高。即使数据理论上可以测量，但如果其采集成本过高，超过了研究经费的额度，也会导致其在实践上不可行。

对于指标是否可行，没有绝对的标准，当问题不严重时，有时可以通过各类方法使其变得可行。例如，对于口径不统一的数据，可以首先研究如何对齐数据；对于数据敏感性问题，有时可以使用脱敏算法解决；对于测量工具缺乏问题，可以和研究对象相关领域的研究者合作开发测量工具；对于成本问题，有时可以通过使用新技术降低采集成本。

对于研究者而言，需要在指标的重要性、可测量性、资源、成本等多种因素之间进行权衡，最终形成相对完备且可行的指标体系。如果最终确定研究对象的部分核心指标在现有条件下无法测量，则可以考虑缩小研究对象的外延，选择测量研究对象的一个子集，使概念与指标体系相契合。

1.4 独立性

独立性原则要求指标体系的构成要素之间在概念上不重复，更严格地说，是要求指标体系中的各个指标之间应保持相对独立，防止评价指标体系中的各指标间的信息重复。对于独立性，有两种常用评估方法。

（1）基于概念评估独立性。结合现有研究，可以对各指标的概念相关性进行判断，如果某些指标相似（例如两个指标反映的是相似的概念）或者强相关（例如两个指标总是高度正相关），则说明指标体系的独立性可能存在问题。

（2）基于数值评估独立性。如果已经获得了各指标的数据，可以通过计算指标间的相关系数判断指标是否独立，如果指标间相关系数较高，则它们可能不符合独立性原则。但需要指出的是，相关系数更多的只是辅助指标，如果在概念上无法说明其相关性，即使相关系数很高，也不宜认为指标是非独立的。

独立性原则是为了降低重复信息对指数结果的影响，但是在实践中通常发现，从相关系数来看，指标间通常无法保持绝对的独立性，这主要是因为各个指标都是指数研究对象的组成部分，而同一个研究对象的各个组成部分通常具有一定的相关性，有时研究者还会通过指标间的相关性说明指数结果的合理性。

本书认为，在实践中遵循独立性原则只需要做到排除在概念上相同或者高度相似、相关的指标，对于存在相关性但反映不同概念的指标，可以在赋权环节进行处理，例如降低相关指标的权重，防止其权重之和过高，相关内容会在第八章详细讨论。

在以上几种原则下，指标体系设计中最常用的方法包括基于研究文献构建指标体系和通过实证研究构建指标体系，此外，在一些特定研究场景中存在一些特定的设计方法，例如基于政策文件设计指标体系、数据驱动的指标体系设计等，本章后续内容将举例介绍这些方法。

2 基于研究文献构建指标体系

2.1 设计理念

基于研究文献构建指标体系（以下简称"文献法"）的核心思想如下：由于复杂系统通常由不同维度、不同层级的要素构成，或者受到多重因素的影响，因此在对其进行研究时首先需要结合已有研究对研究对象的核心概念进行逐层分解，最终得到系统化的构成要素或影响因素，完成指标体系设计。

文献法是最常用的指标体系设计方法。本书写作时，在中国知网检索了篇名中包含关键词"指标体系"的期刊论文，发现引用量前10的论文都至少部分采用了文献法。例如《城市竞争力的概念和指标体系》一文"以波特和IMD两种国家竞争力理论模型为基础，探讨了城市竞争力的概念，并设计了包括10大指标体系在内的城市竞争力模型"[1]，《中国土地可持续利用指标体系的理论与方法》一文"首先回顾了国内外土地可持续利用研究的进展，分析归纳了国外可持续发展指标体系研究状况及可借鉴之处；指出在土地可持续利用指标与评价的研究中，必须从3个方面开展深入探讨"[2]，《旅游地顾客满意度测评指标体系的研究及应用》一文"运用美国密歇

---

1 宁越敏，唐礼智. 城市竞争力的概念和指标体系[J]. 现代城市研究，2001(03): 19-22.
2 陈百明，张凤荣. 中国土地可持续利用指标体系的理论与方法[J]. 自然资源学报，2001(03): 197-203.

根大学质量研究中心费耐尔教授的顾客满意度指数理论，构建旅游地顾客满意度指数测评的因果模型和旅游地顾客满意度测评指标体系"[1]。从以上三篇论文的表述中，我们能够得到如下启发。

第一，关于设计依据。以上三篇论文分别使用了三种不同的推导依据。（1）经典理论模型。有些研究对象已有相关的经典理论，例如关于竞争力，已有波特竞争力模型、MID竞争力模型等，这些理论模型已经对概念体系进行了系统梳理，可以指导具体研究的概念推导。（2）总体研究进展。对于没有经典理论模型的概念，可以通过回顾国内外研究进展，从不同研究成果中梳理出核心概念的相关因素以及因素之间的关系，通过归纳总结得出指标体系。（3）相关指数。对于许多重要研究对象，已有学者开发了相关指数，但由于国别差异、时代差异等原因，可以在现有指标体系的基础上进行完善，构建更加符合研究目标的新指标体系。

第二，关于知识迁移。当无法找到完全契合研究对象的推导依据时，可以通过知识迁移寻找相关概念的推导依据。其中最常用的方法是将上位概念的成果迁移到下位概念，首先查找包含研究对象的更高层级概念，例如顾客满意度包含旅游地顾客满意度，此时可以将顾客满意度的成果迁移到旅游地顾客满意度。在现实中，国家和城市也存在包含关系，因此有些研究场景中可以将国家竞争力模型迁移到城市竞争力研究。此外，相似概念间也可以进行知识迁移。需要注意的是，概念间的关系越远，则指标体系的兼容性可能越低，因此需要越发谨慎地进行知识迁移。

通过以上讨论可以发现，当研究对象具有以下特征时，更适合使用文献法构建指标体系：

（1）核心概念清晰明确；

（2）围绕核心概念或其相关概念已有相对丰富的研究；

（3）研究目标是对现有成果进行总结、完善而非突破性创新。

2.2 设计方法

使用文献法设计指标体系时，可参考如下设计方法。

---

1 连漪，汪侠. 旅游地顾客满意度测评指标体系的研究及应用[J]. 旅游学刊，2004(05)：9-13.

（一）概念梳理

概念梳理是文献法的基础工作，只有明晰了核心概念在特定研究中的含义，才能够有效地指导后续指标体系设计工作的开展。可以从以下几方面梳理核心概念。

（1）学科视角。对于同一概念，不同学科、不同理论流派可能采用不同的界定和研究方法，例如对于满意度这一概念，心理学和管理学的研究各有侧重。各学科内部不同流派也有不同的研究视角，但不同学科、流派之间也可能相互借鉴研究成果。在指标体系设计之初，更加清晰地确定研究的学科视角，例如是单学科研究还是跨学科研究，将有助于锁定文献搜集的方向、明确指标归类的逻辑，最终有助于研究成果更好地与现有研究对话。

（2）概念界定。在明确学科视角后，就可以在特定视角下对指数的核心概念进行界定。从实践的角度看，因为指数通常无法覆盖研究对象的所有维度，所以在设计指标体系时更重要的是对概念的范围进行界定，即明确哪些维度必须纳入指标体系。在研究之初进行清晰的概念界定，有助于将指标体系设计的完备性原则落到实处，而且在后续工作中如果发现某些必要维度无法测量，也能够指导研究者进行相应处理，例如对指数名称加以限定，使之与可测量的部分相契合。

（3）概念网络。如上节所述，当无法找到完全契合研究对象的推导依据时，可以通过知识迁移寻找相关概念的推导依据。此时，一个清晰的概念网络将有助于研究者找到研究概念的上位概念、下位概念和相似概念，使得知识迁移更加有据可循。不仅如此，通过梳理概念网络，研究者能够更加清晰地分辨所研究概念与相似概念的区别，进而提高指标体系设计的准确性。

（二）体系设计

在完成概念梳理后，就可以更加明确地进行指标体系的具体设计。使用文献法的指标体系设计通常分为指标搜集和指标归类两步。

（1）指标搜集。在文献法下，研究所需指标既可能来源于现有的指标体系，也可能分散在大量不同的文献中。但无论是哪种情况，为了提高指标体系设计的科学性和完备性，研究者都应该进行大量的文献阅读，从中抽取出所需指标。为了提高文献搜集的效率，可以使用数据库的高级检索功能，例如当明确指标的学科视角后，可以在检索文献时限定文献的来源为特定学科的期刊，在保证文献覆盖面的前提下减小工作量。

（2）指标归类。当完成指标搜集后，就可以对指标进行归类，通过确定指标间的层级关系形成系统化的指标体系。与指标搜集类似，指标归类的依据也应出自现有文献。但与指标搜集不同，指标归类不需要以大量的文献为依据，更多的是选择已经得到学界检验的经典理论、模型、框架等作为依据，例如基于一种经典理论或者综合少数几个已有模型，这样能够使指标体系更为清晰、聚焦。如果将过多不同的依据糅合在一起，不仅可能导致指标体系逻辑杂乱，还可能因为不同依据之间的冲突导致指标体系存在逻辑漏洞。

（三）体系评估

采用文献法构建指标体系的过程多采用质性研究的范式，通常没有定量数据可用于评估指标体系，因此在搜集数据前的指标体系评估通常也是定性的，但也可以使用定量方法搜集数据对指标体系进行评估。本节将重点介绍定性评估方法，定量方法将在下一节介绍。

参考指标体系的设计原则，评估阶段可重点关注以下几个问题。（1）指标间的逻辑关系是否一致，例如，同级指标间是否为并列关系，不同级指标间的上下位关系是否成立、上下位关系是否一致等。（2）简洁性和完备性是否达到平衡，例如，如果删除某些指标对整体的影响有多大，是否遗漏了重要指标等。（3）各指标的数据获取难度如何，相关问题在可行性原则下已经讨论过，此处不再赘述。（4）指标间是否有重复，即是否存在多个指标测量相同内容的情况。

关于定性评估方法，通常必不可少的环节是研究者自行评估。除此以外，研究者还可以对专家进行访谈，收集专家对指标体系的意见，这也是常用的定性评估方法。如果研究对象涉及的群体较广，也可以采用公开征集意见的方法，笔者参与过的国民海洋意识发展指数研究就曾面向全国征求意见[1]。

2.3 案例分析

本节将以国民海洋意识发展指数为例，介绍如何基于研究文献构建指标体系。

2016 年，在中宣部的大力支持下，原国家海洋局、教育部、文化部、广电总局、文物局联合印发了《提升海洋强国软实力——全民海洋意识宣传教育和文化建

---

1 国家海洋局："国民海洋意识评价指标体系"即日起面向全国征求意见[EB/OL]. https://www.gov.cn/xinwen/2016-04/22/content_5066879.htm, 2016-04-22/2023-11-22.

设"十三五"规划》，其中指出提升全民海洋意识是海洋强国和21世纪海上丝绸之路的重要组成部分。以此为背景，原国家海洋局委托北京大学海洋研究院开展了国民海洋意识发展指数研究。该研究偏重应用性，因此学科属性对其影响较小。

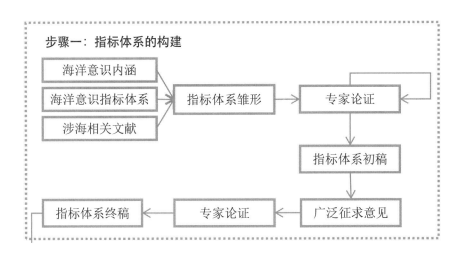

图 4-1　国民海洋意识指数指标体系设计[1]

　　该研究涉及海洋和意识两个核心概念，因此在文献调研环节，课题组不仅调研了海洋意识的内涵、现有评价指标体系，还调研了与海洋相关的论文与政策文件、与意识相关的研究方法与实践案例等。

　　通过以上调研，课题组得到海洋意识相关的众多指标，然后根据指标间的相对重要性、相关性等标准对指标进行筛选，进而结合海洋相关文献中的分类标准和指标的含义，将其归为海洋自然意识、海洋经济意识、海洋文化意识和海洋政治意识四类，并根据意识相关文献确定从知识、态度和行为三个维度进行测量。

　　在初步确定指标体系后，课题组组织了多轮论证。首先，组织相关领域的专家学者对指标选择和体系设置的合理性进行面对面研讨，收集专家意见并对指标体系进行修改。然后通过《人民日报》《中国海洋报》等媒体发布指标体系初稿，向全社会征求意见，收集反馈信息，并以此为基础修订了指标体系。再经过多次专家论证后，最终确定了如下指标体系。

---

1 国民海洋意识发展指数课题组.国民海洋意识发展指数报告（2016）[M].北京：海洋出版社，2017：6.

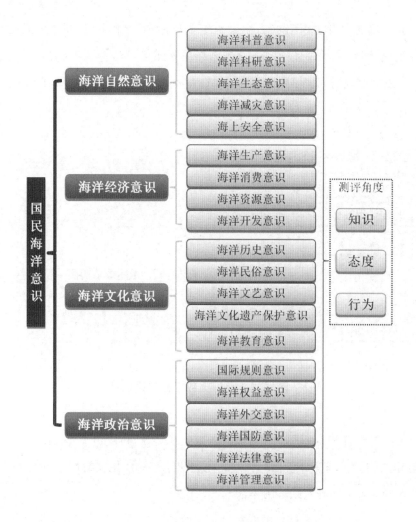

图 4-2 国民海洋意识指数指标体系[1]

3 通过实证研究构建指标体系

3.1 设计理念

通过实证研究构建指标体系（以下简称"实证法"）是指通过问卷、访谈等实证方法搜集关于指标体系的相关素材，进而通过对素材进行分析研究形成指标体系。与文献法相对应，当研究对象具有以下特征时，更适合使用实证法构建指标体系：

---

1 国民海洋意识发展指数课题组. 国民海洋意识发展指数报告（2016）[M]. 北京：海洋出版社，2017：16.

（1）指数的核心概念定义不清晰，需要进行研究论证；

（2）围绕核心概念或其相关概念的现有研究较少；

（3）研究目标为打破现有研究的桎梏，形成突破性创新。

综上，在现有文献无法支撑指标体系构建时，实证法将成为更好的选择。实证法的核心思想如下：考虑到文献资料的局限性，研究者可以直接从指数研究对象相关的主体或客体处获得一手资料，进而使用定性或定量方法对资料进行归纳总结，识别出相关指标以及指标间的关系，最终完成指标体系构建。

相较于文献法，实证法既有优势也存在不足。通过实证法，研究者能够根据需要灵活选择研究视角，获得关于指数研究对象的一手资料，进而基于鲜活的资料构建指标体系，使用实证法构建的指标体系通常更接近现实情况。但实证法对研究者也提出了更高要求，例如要进行严格的实证设计，还要从庞杂的实证资料中提取出有价值的信息，同时更严格的设计通常意味着更多的资源投入，因此实证法的实现难度更高，如果操作不当，实证法得出的指标体系质量也会相对较低。

需要指出的是，虽然文献法与实证法在设计指标体系时的核心思想不同，但二者并不是完全对立的。当使用文献法初步构建指标体系后，也可以使用实证法的部分方法对指标体系进行验证和完善。在使用实证法构建指标体系的初始阶段，也可以基于文献资料组织基础素材，进而使用实证方法对基础材料进行修正、完善。

相较于文献法，实证法的使用频率较低，但突破性、创新性研究中较多使用实证法。数据质量领域的经典研究《Beyond Accuracy: What Data Quality Means to Data Consumers》（以下简称《Beyond Accuracy》）就是使用实证法构建了数据质量评估的指标体系，根据 ResearchGate 的统计，截止到本书写作时，这篇论文的引用量已经超过 3400 次，在这一领域产生了巨大而深远的影响。案例分析部分，本书会将其作为使用实证法构建指标体系的案例进行详细讲解。

3.2 设计方法

使用实证法设计指标体系时，可参考如下流程。

（一）文献回顾

虽然实证法对已有研究的依赖程度不高，但本书仍建议在工作之初进行必要的文献回顾。通过回顾已有文献，不仅有助于明确具体研究方向、防止重复研究，更重要的是能够加深对指数研究对象的理解，进而有助于实证工具的设计和实证结果的解读。

关于文献回顾，已有许多优秀的书籍，此处仅提供几点实践经验供读者参考。第一，文献回顾不应局限于期刊论文，经典书籍、国际博士论文等长篇文献也应该回顾。第二，如果需要使用综述性论文中的资料，应该回溯到原始文献，因为部分综述性论文对原始文献的总结并不准确。第三，了解数据库的检索模型，善用高级检索功能，将大幅提高文献检索的全面性和准确性。

（二）工具设计

在调查工具的设计之初，首先要明确测量的具体目标是什么，常见目标包括识别潜在指标、对已知指标进行排序、识别已知指标间的关系等。不同目标对应不同的设计思路。

（1）识别潜在指标。当现有研究不足以支撑指标体系的构建时，指标体系设计的一项基础工作就是尽可能全面地识别出潜在指标。为了实现这一目标，既可以对相关群体进行访谈，从访谈资料中提取指标，也可以设计问卷请受访者填写。而无论使用哪种方式，所用的题目通常是开放型的，即要求受访者自由回答或者填写，为了激发受访者的灵感，在访谈中可以使用追问、提示等方法进行引导，在问卷中也可以通过举例的方法扩展受访者的思维。

（2）对指标进行排序。根据简洁性原则，指标体系中应该只包含相对重要的指标，因此对已知指标排序也是一项重要的工作。当需要排序的指标较少时，例如 10个以下的指标，可以通过访谈法，邀请受访者对指标排序并说明原因，这样能够收集到更丰富的资料。当指标较多时，则通常使用问卷法，可以邀请受访者对每个指标进行单独打分、对每两个指标间的相对重要性进行打分、对指标进行排序等，具体选择哪种方法取决于指标的数量、评估难度等。

（3）识别指标间关系。综合指数的指标体系通常是分层、分类的，因此需要识别指标间的层级关系并将相近指标归为一类。此时，如果没有可参考的分层和分类依据，可以采用开放式方法，例如使用卡片分类法，邀请受访者将其认为相似的指标归为一类并判断这些类别间的层级关系。当有可参考的依据时，研究者可以对指标间的关系进行预设，然后邀请受访者对预设关系进行打分，根据得分高低判断预设关系的准确性。

（三）数据搜集与分析

完成调查工具设计后，就可以用其搜集实证数据，进而通过对数据的分析形成指标体系。

（1）数据搜集。使用调查法获取数据，最核心的问题在于如何获得具有代表性的样本。虽然指标体系设计对于样本代表性的要求通常没有大型社会调查高，但是仍要注意几个关键问题。首先，样本应该与研究问题匹配，例如关于特定行业的指数，其受访者应该是该行业的从业者、消费者等相关群体。其次，样本量不宜过少，通常访谈法将信息饱和作为停止访谈的依据，问卷法则需要根据题目多少确定问卷量，通常不应少于 30 份问卷。

（2）数据分析。对于质性数据，主要分析任务是通过人工阅读提取指标及指标间的关系，并判断指标的重要性。对于量化数据，则是计算出各指标及指标间关系的得分，并根据得分高低判断是否将其作为指标体系的一部分。多数情况下指标构建阶段的分析都比较简单，多为描述性统计。有时为了处理一些复杂情况，可能需要一定的统计工具，例如当指标过多时，可以使用因子分析对其进行分类，因此具有一定的统计基础将有助于这项工作的开展。

3.3 案例分析

本节将以 Wang 等的经典论文[1]为例介绍如何通过实证法构建指标体系。虽然这篇文章对研究目标的表述是从数据消费者（data consumer）视角构建数据质量的框架，文中也更多地使用属性（attribute）一词而非指标，但从内容来看，可以将其理解为用户视角的数据质量评估指标体系设计，而且其研究设计十分规范，适合作为本节的案例。

研究背景方面，早期的数据质量研究通常将数据质量问题定义为准确性问题，但对于数据消费者而言，只有准确性通常是不够的，例如准确但不完整、不可得的数据仍然可能产生重要的负面影响。因此这篇文章试图从数据消费者的新视角出发构建数据质量指标体系。

1　Wang RY, Strong DM. Beyond Accuracy: What Data Quality Means to Data Consumers[J]. *Journal of Management Information Systems*, 1996, 12（04）: 5-33.

文章指出，关于数据质量的研究有直觉的（intuitive）、理论的（theoretical）和实证的（empirical）三种路线，当时的研究多采用直觉路线，理论研究几乎没有。而无论是直觉路线还是理论路线，都无法从消费者视角评估数据质量，因此这篇论文选择使用实证路线从消费者视角构建数据质量评价的指标体系。

为了使实证设计更为严谨，文章采用市场研究领域研究商品质量的方法进行了一个两阶段的调查研究。

第一阶段的目的是尽可能多地搜集潜在的数据质量属性，即当消费者想到数据质量时能想到哪些属性。在这一阶段，研究者邀请了来自业界和学校的 137 名受访者，首先让他们开放式地填写其认为数据质量包含哪些属性，然后让受访者阅读预先设定的 32 个数据质量属性激发其思维，最后再让受访者进行补充回答。在这一阶段，形成了包含 179 个属性的列表。

Side One

Position Prior to Attending the University (circle one): Finance Marketing Operations Personnel IT Other

Industry you worked in the previous job:

When you think of data quality, what attributes other than timeliness, accuracy, availability, and interpretability come to mind? Please list as many as possible!

PLEASE FILL OUT THIS SIDE BEFORE TURNING OVER. THANK YOU!!

Side Two

The following is a list of attributes developed for data quality:

Completeness	Flexibility	Adaptability	Reliability
Relevance	Reputation	Compatibility	Ease of Use
Ease of Update	Ease of Maintenance	Format	Cost
Integrity	Breadth	Depth	Correctness
Well-documented	Habit	Variety	Content
Dependability	Manipulability	Preciseness	Redundancy
Ease of Access	Convenience	Accessibility	Data Exchange
Understandable	Credibility	Importance	Critical

After reviewing this list, do any other attributes come to mind?

THANK YOU!

图 4-3   《Beyond Accuracy》第一阶段调查问卷 [1]

---

1 图片引自 Wang RY, Strong DM. Beyond Accuracy: What Data Quality Means to Data Consumers[J]. *Journal of Management Information Systems*, 1996, 12(04): 5-33.

第二阶段的目标是从消费者视角对以上属性的重要性进行排序。文章随机选择了 1500 名受访者，以问卷的形式让受访者填写量表对第一阶段得出的属性进行打分。然后他们基于问卷数据进行了因子分析，将第一阶段搜集的属性划分为 20 个维度。

因为得到的属性较多，在因子分析部分得到过多维度，所以文章又进行了一步实证研究对维度进行归类。首先，研究者基于自身的研究经验构建了一个探索性的概念框架。概念框架包含可得、可解释、相关、准确四个分类，然后评估 20 个维度与这些类别的契合程度，将属性归入四个类型。他们邀请了 30 位受访者对 20 个维度进行开放式归类，根据结果调整了属性分类并删除了部分属性。最后，他们邀请 12 位受访者对调整后的属性分类进行验证。

最终，通过以上多个流程的实证方法，文章获得了数据消费者视角的数据质量指标体系，如图 4-4 所示。

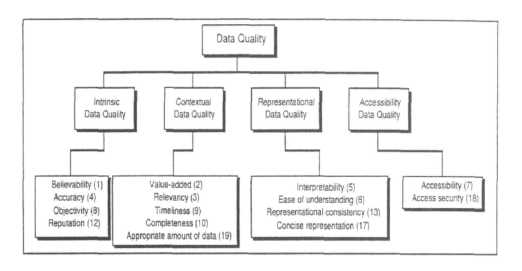

图 4-4　Wang 等（1996）构建的数据质量指标体系[1]

从以上案例不难发现，使用实证法构建指标体系是一项系统工程，需要通过多轮资料的搜集与分析才能科学地得出最终结论。

1　图片引自 Wang RY, Strong DM. Beyond Accuracy: What Data Quality Means to Data Consumers[J]. *Journal of Management Information Systems*, 1996, 12（04）: 5-33.

4 指标体系的其他设计方法

上文介绍了构建指标体系最常用的两种方法,这两种方法具有一定通用性,多数指数研究都可以采用其中之一设计指标体系。而在一些特定的应用场景中,使用其他方法设计指标体系或更为合适,例如研究问题涉及政策时可以基于政策文件设计指标体系,再如近年来已有研究开始尝试从数据出发设计指标体系。本节将简要介绍以上两种方法。

4.1 基于政策文件设计指标体系

国家的各类政策在社会发展中起着重要作用,因此政策是社会科学研究的重要对象之一。指数在政策研究中也发挥着重要作用。一方面,在政策发布前,现有指数可以作为政策制定的参考依据;另一方面,当政策发布后,可以根据政策内容构建新的指数用于测量政策相关对象的现状、评估政策效果等。对于后一种情况,指数的指标体系与政策文件高度相关,此时可以基于政策文件的内容设计指标体系。

在采用这种方法构建指标体系的过程中,最核心的问题在于深度理解政策内容,其中常见的关键问题如下。(1)政策涉及哪些对象。不同类型的政策涉及的对象或有所不同,例如可能是国家、省市、企业、个人等;而不同对象的研究视角也会有所不同,例如对于国家层面更多使用宏观视角,对于个人的研究则多为微观视角。只有明确政策涉及的对象才能明确指标体系的设计角度。(2)政策包含哪些内容。政策文件通常具有较强的逻辑性和结构性,有时甚至能够直接为指标体系提供框架,通过深入了解政策文件的内容,能够为指标体系设计提供充分依据。通常情况下应该严格地按照政策内容设计指标体系,在完整政策内容的基础上删减和增加指标都应该进行合理说明。

此处以笔者参与研究的"五通指数"作为案例介绍基于政策文件设计指标体系。该指数全称为"一带一路"沿线国家五通指数[1],其研究背景和构建依据是 2015 年 3 月 28 日国家发改委、外交部、商务部联合发布的《推动共建丝绸之路经济带和 21 世纪海上丝绸之路的愿景与行动》(以下简称《愿景与行动》)。

---

[1] 翟崑,王继民.一带一路沿线国家五通指数报告(2017)[M].北京:商务印书馆,2018:1-5.

在第一版"五通指数"构建时，一般认为"一带一路"沿线共涉及 64 个国家和地区，该指数最初也是希望能够对这些国家和地区进行全覆盖，但在实际研究中发现有 1 个研究对象的数据大面积缺失，因此没有纳入最终测算。同时，因为研究对象是全球的国家和地区，因此在设计指标体系时主要采用了宏观视角，并且考虑了指标跨国别通用性。

关于具体指标，政策文件已经非常清晰地将"一带一路"倡议的合作重点定为"政策沟通、设施联通、贸易畅通、资金融通、民心相通"，这五点之间逻辑清晰、覆盖全面，因此"五通指数"直接将其作为一级指标，这也是指数名称的来源。对于二三级指标，该政策文件中涉及了"一带一路"合作的方方面面，而"五通指数"则聚焦于各方之间的互联互通，因此在设计二三级指标的过程中更多地选择了其中与互联互通密切相关的内容。不仅如此，政策文件中的章节和段落关系已经很清晰地说明了各项内容的层级关系，为指标层级划分也提供了依据。在基于数据调研的结果确定所有备选指标的可行性后，基于《愿景与行动》这一政策文件的指标体系设计就初步完成了。

4.2 数据驱动的指标体系设计

如果仔细思考，不难发现以上几种方法全部都是以指标含义为出发点构建指标体系，无论是研究文献、实证材料还是政策文件，都是用于帮助研究者理解指标含义及指标间的关系。如果说指数是知识和数据的有机结合，以上几种方法多是从知识出发的路线，这种路线也是目前最常见的。那么是否可以从数据出发来构建指数呢？答案是肯定的，此处将其称为数据驱动的指标体系设计。

对于这一问题，可以从谷歌流感预测说起。虽然这一研究争议较大，而且其预测结果后来也出现失误，但不可否认的是，它对于研究范式的发展带来了启发。谷歌流感数据本质上就是从谷歌搜索数据出发构建的一个指数，而指标就是一个个的搜索关键词，从最初公开的研究成果来看，这些关键词是根据现有知识筛选出的与流感相关的关键词。从这一角度来看，虽然其以数据为出发点，但在指标体系构建过程中还是以现有知识为中心的，因此它只能算是部分由数据驱动的指标体系设计。

对于指数研究而言，谷歌流感预测的启发可以体现在以下几个方面。（1）在信息时代，人们可用的数据正飞速增长，而且部分数据已经与社会生活的方方面面发生联系，因此可以使用这些新型数据来研究。（2）许多新型数据具有多面性，例如搜索引擎数据，不仅能够用于研究人类的行为，还能够用于研究流感、物价等多种主题。（3）随着数据类型的增多、数据量的增大、数据生产方式的变化，研究范式需要相应地变化。

对于研究范式的变化，一种比较常见的表述是"第四范式"，即数据密集型研究范式 [1]。关于第四范式，有许多不同的解读，本书认为其核心思想在于从海量数据中挖掘知识，将数据在研究中的价值提到了前所未有的高度，因此第四范式与数据驱动的研究范式常被视为近义词。

那么完全数据驱动的指标体系构建应该是怎样的呢？仍以谷歌流感预测为例，如果其指标筛选环节由人工筛选改为机器筛选，例如根据相关系数筛选出与流感数据高度相关的搜索指标，则可称为完全数据驱动的指标体系构建。但是这种方法明显过于极端，例如有些在结果上高度相关的指标可能只是伪相关，这一过程进一步增加了将噪声视为信号的风险。因此可以考虑在机器筛选后增加人工筛选的环节，将数据与知识相结合，但与之前不同的是，将数据发挥作用的时间进一步前移，因此可认为其具有更强的数据驱动特征。这种方法目前已有越来越多的研究者在探索，但仍存在许多问题没有解决，争议仍较大，对于这种方法的使用应更为谨慎，需要进行充分评估论证。

5 小结

本章重点讨论了指标体系的设计原则，并介绍了构建指标体系的几种常用方法，虽然涉及一系列的原则和方法，但归结起来只有两个核心点。

第一，指标体系的设计一定要有可靠的依据。在设计原则部分，本章首先强调了科学性、简洁性和完备性，在方法部分，本章重点讨论了如何以研究文献、实证研究等为依据设计指标体系。这些都是为了说明，指标体系不应该是主观判断的结果，虽然其中可能涉及个人思考，但一切的思考都应该以可靠的依据为基础，基于得到学界或业界认可的材料构建的指标体系才能够经得起考验。

---

1 Tony Hey, Stewart Tansley, Kristin Tolle. 第四范式：数据密集型科学发现[M]. 潘教峰 等译. 北京：科学出版社，2012：ix-xxii.

第二，对于需要实际测量的指数，要充分评估指标与数据的关系。指数研究中经常遇到的一个问题是，理想的指标体系可能无法得到数据支撑，许多完备的指标体系仅停留在理论阶段而无法实证。对于这一问题，从实践的角度来看，可以在指标体系的设计过程中同步评估可行性，也可以在初步构建指标体系后再根据每个指标的可行性做减法。如果最终发现可获得的指标无法完整地测量研究对象，则可能需要对研究对象取子集，仅对其中具备可行性的部分进行量化研究。除此以外，指标体系还可能对结果产生影响，例如指标间不独立可能导致隐形加权。从下一章开始，本书将进入量化部分的讨论。

第五章 数据采集

指数是知识与数据的有机结合，可量化是指数最突出的特征之一，因此指数的构建离不开数据。从本章开始将进入指数的量化部分，本章将首先回顾社会科学研究可用数据的发展历程，然后介绍指数研究常用的数据来源，最后将简要介绍网络爬虫。

1 社会科学领域的数据

如果对社会科学研究方法有所了解，在看到社会科学领域的数据这一表述后，或许首先想到的便是问卷数据和统计数据，这两类数据的确在社会科学量化研究中起着基础性作用，二者本质上都属于调查数据。本节也将首先从调查数据开始回顾社会科学研究中的数据。

在《现代汉语词典》中，调查的定义是"为了了解情况进行考察（多指到现场）"[1]，具体到社会科学领域，作为研究资料获取方法的调查通常对应英文 survey，是指"有目的、有意识地运用各种科学方法，收集经验材料和数据的感性认识过程"[2]。根据调查对象的不同，通常可以分为以人为对象的调查和以物为对象的调查。在以人为对象的调查中，常用方法包括问卷、访谈、观察等，在信息时代之前，访谈和观察的记录通常被视为质性资料而非数据，此时调查数据和问卷数据的含义十分接近，而随着信息技术的发展，文字、图片、音视频等都已经成为计算机可处理的数据。同样在信息时代之前，以物为对象的调查通常都是人工进行，例如对物价的调查是由调查员记录价格数据然后逐级上报。

调查数据的发展经历了相当长的历程。以统计数据为例，有研究结合统计发展史

---

1 中国社会科学院语言研究所词典编辑室.现代汉语词典(第7版)[M].北京：商务印书馆，2016：301.
2 张兴杰.社会调查[M].南京：南京大学出版社，2008：1-5.

将统计数据分为"计数数据—变量数据—大数据"三个阶段[1]。结绳计数可视为最早期统计数据的代表，这一阶段的统计数据只是对人口等极少数重要问题的计数。而随着科学技术的发展，人类可测量的范围也不断增大，一方面，大量数据通过科学研究产生，另一方面，新的数据也推动了科学研究的发展，现代意义上的统计理论、方法和测量体系得以形成。而抽样技术在第二阶段起着基础性作用，抽样使大规模的社会调查变得更为科学和可行，但也带来了样本代表性等问题。到了第三阶段，随着信息技术的发展，越来越多的社会现象留下电子记录，同时文字、图片等非结构化信息也能够作为数据被计算机处理，极大地扩展了可纳入统计体系的数据范围。

大数据是一个如今十分常用但并不严谨的概念，多大的数据量才能称为大数据并没有明确界定。本书从生产方式的角度将这些通过访谈、问卷、调查者填报等传统调查方法以外的方式生产的数据，称为非调查数据。基于信息技术生产的非调查数据在样本量、内容覆盖面、及时性等许多方面常具有传统调查数据不具备的优势。例如有研究者基于定位数据研究了我国的人口流动特征和管控措施的有效性并将成果发表于 *Science*[2]，这份研究充分体现出移动定位数据这种典型非调查数据在及时性和颗粒度上的优势。但与此同时，这些新型数据也会存在各种各样的问题，对此本书将在第六章讨论。

2 数据采集方法

以上从数据生产方式的视角回顾了数据的发展历程，本节将介绍数据采集的两种基本方式，即复用现有数据和自采一手数据。

2.1 复用现有数据

经过多年发展，无论是国内还是国际上都已经形成了十分丰富的数据体系，能够覆盖社会科学领域的众多议题，尤其是随着大数据时代的来临，可用数据的范围变得更为广泛。在这一背景下，如果能够找到与指数研究主题相关的现有数据就无

---

1 李金昌. 关于统计数据的几点认识[J]. 统计研究，2017，34(11): 3-14.

2 Kraemer MUG, Yang CH, Gutierrez B, et al. The Effect of Human Mobility and Control Measures on the COVID-19 Epidemic in China [J]. *Science*. 2020, 368(6490): 493-497.

须从零开始进行测量，此时复用现有数据通常是更为高效的方法。

复用现有数据的基础工作在于找到可用、可靠的数据来源，本节将常用的数据源归为以下几类。

2.1.1 政府开放数据

社会科学研究中最权威的数据通常来源于政府，从具体来源看，政府数据可以有以下几种获取渠道。

（1）政府机构网站。以国内数据为例，最典型的代表是统计局网站，国民经济核算、普查，甚至部分重要的国际数据都可以通过国家统计局网站获得。除此以外，各类政府机构也会公布与自身业务密切相关的数据，例如海关总署会公布进出口数据，商务部会公布国外经济合作数据等。

（2）政府数据开放平台。在传统体系下，各部门分别公布自己的数据导致数据分散在各处，因此许多国家都已经开始尝试建设政府数据开放平台，将各部门数据汇集在一处，便于用户统一查询。同时，政府数据开放平台中的数据范围也在不断丰富，已不再局限于传统的结构化统计数据。

（3）官方出版物。以年鉴为代表的官方出版物也是宏观和中观数据的重要来源，我国已经形成了非常丰富的年鉴体系，不同行业、不同地区、不同主题的许多数据都可以通过年鉴获得，可能比网站公布的数据更为丰富，但不足之处在于及时性较差，通常会有一到两年的滞后。

2.1.2 数据服务商

随着数据在经济社会中的重要性不断提升，其逐渐成为一种商品，相应地也就出现了数据服务商，本节将数据服务商分为以下两类。

（1）专业数据服务商。目前已有许多公司将采集和销售数据作为主营业务，这类公司称为专业数据服务商。国内知名的数据服务商提供数据库包括 Wind、CSMAR等，这类数据库通常整合了特定领域下比较全面的数据，而且能够提供统一的数据查询入口，但通常收费较高，如果所在机构没有购买，个人使用成本较大。

（2）企业开放数据。除了专业数据服务商外，越来越多的公司会开放自己经营过程中产生的数据，例如新浪微博提供了接口允许用户导出部分数据。这些开放数据的企业多为互联网公司，所开放的数据也多为在其产品中可见的各类信息。互联网公司所开放数据接口的轻度使用通常是免费的，但会有一定限制，例如每个账号每天只能导出有限数量的数据，如果需要更深度地使用这些数据则需要付费。

2.1.3 研究机构或个人开放数据

除了政府和企业外，研究机构和研究者也是数据的重要生产者和提供者，由他们开放的数据可分为以下几类。

（1）研究机构采集的数据集。除了统计机构外，高校等研究机构也会开展各类大型社会调查，例如在我国社会科学研究中起着重要作用的中国家庭追踪调查 (CFPS)、中国综合社会调查 (CGSS) 等都是由研究机构组织开展的。研究机构通常会在完成数据的采集和清洗工作后在特定网站公布数据。由于此类数据的采集和整理工作耗时较长，通常也有一定的滞后性。

（2）研究数据开放平台。近年来，随着开放科学思想的发展，以 ICPSR 为代表的各类数据开放平台发展迅猛，许多研究者会将自己采集的数据上传到此类平台进行共享。其中既包括研究者采集的一手数据，也包括其对现有数据整合、处理的结果。大型数据开放平台的数据种类众多，而且通常是免费的，但如何从海量数据中找到所需数据是一个重要问题。

（3）研究成果。事实上，许多数据没有独立存储在特定的数据库中开放给其他研究者使用，例如许多有价值的数据包含在研究论文、专著等研究成果中，使用者需要阅读相关成果并从中抽取出所需数据。更进一步，研究成果所用的原始数据可能并没有在成果中公开，因此有时需要联系其作者获取所需数据，笔者就曾收到来自论文读者希望获取数据的邮件。

2.1.4 网络爬虫

随着互联网的发展，当今社会大量有价值的信息散布在网络上，有些情况下这些信息可以转化为指数研究所需数据。例如可以采集网上关于某一问题的相关新闻，然后使用自然语言处理技术提取其观点倾向、变化趋势等数据。但是很多情况下这些信息无法通过以上三种渠道获得，此时可以考虑使用网络爬虫。

网络爬虫本质上是一种将网页中信息下载下来的技术，因为可以批量化、自动化地采集信息，能够极大地降低人的工作量。下文会通过一个例子说明如何利用网络爬虫采集信息。使用网络爬虫需要注意两个关键问题。第一，多数情况下，唯有可见方可得，即研究者能够在页面或其源代码中看到的信息才能通过网络爬虫获取。第二，网络爬虫可能涉及版权等问题，使用爬虫务必严格遵守相关法律法规以及信息所有者的声明，违规使用爬虫可能产生较为严重的负面结果。

2.2 自采一手数据

复用现有数据虽然通常更为高效，但是有时在特定主题下可能无法找到合适的现有数据，此时自采一手数据或更为适用。如果没有大型项目的支持，小规模的一手数据采集可能在样本量、代表性、准确性等方面存在不足，但通过严谨的研究设计可以缩小以上不足，同时可以使测量更契合研究需要。

2.2.1 社会调查

社会调查是社会科学领域最常用的采集一手数据的方法，是指在不进行人为干预的情况下使用测量工具对调查对象的某些方面进行记录。具体来看，社会科学研究中常用的问卷法、访谈法、参与观察法都属于社会调查的常用方法。因为指数具有较强的量化属性，而问卷是量化程度较高的社会测量工具，因此当指数研究需要采集一手数据时，使用问卷法的频率更高。

使用问卷法收集数据的核心环节包括抽样、问卷设计和质量控制，其中质量控制将在第六章讨论，本节将简要介绍抽样和问卷设计中的关键问题。

抽样的目标是使有限的样本量尽可能地代表指数研究的目标群体。如果没有特殊研究需要，抽样通常要求具有随机性，这是希望样本没有选择性偏差，不同类型的样本以相同概率出现。为了实现这一目标，形成了许多不同的抽样技术以解决不同应用场景中的问题。研究者在通过问卷采集数据的过程中应根据研究场景选择合适的抽样方法进行随机抽样而非随意抽样。

问卷设计的关键在于使调查对象能够准确无误地理解问题并能够相对轻松地进行回答。为了实现这两点，研究者需要在问卷设计过程中充分考虑可能存在的歧义、表意不清等问题，使得题干清晰明确、选项设计合理，在问卷设计之初可以辅以访谈等质性方法收集素材优化问卷，问卷初步完成后还可以通过问卷评审和预调查等方法来验证问卷的信度和效度，最终使问卷设计更为科学。

2.2.2 社会实验

社会实验通常是指在进行干预的情况下观测研究对象的变化，受到研究伦理等因素的影响，这种方法在社会科学研究中的使用频率相对较低，但在一些特定的主题下能够发挥重要作用，例如在教学研究中实验法的使用频率相对较高。除此以外，在特定情况下会出现准自然实验场景，例如突发事件造成了社会中某些方面发生重大变化，此时可以通过记录事件发生前后的某些数值的变化研究特定主题。由于该方法在指数研究中的使用场景较少，本书不对其进行详细讨论。

3 网络爬虫简介

通过上一节内容可以发现，如果要复用现有数据，除了使用爬虫采集以外，其他几种方式只要找到数据源都比较容易实现，而爬虫则需要一定的技术基础，本节将简单介绍网络爬虫。

网络爬虫起始于 20 世纪 90 年代，是自动下载相关网页到本地并解析保存页面内容的工具。网络爬虫技术发展至今，出现了一大批开源框架、开源库或是图形化的程序。例如：目前得到广泛使用的基于 Python 语言的爬虫框架 Scrapy，是一个集成了很多功能并且具有很强通用性的项目模板，用户可以通过调用接口的方式完整地实现一个爬虫项目；开源库中有最基础的 web 爬虫 requests 库，用于发出各类型的 http 请求，例如 GET、POST 等；广泛用于 web 页面解析的 Python 库 BeautifulSoup，其能够创建一个解析树，用于解析 HTML 和 XML 文档；还有可以通过模拟浏览器抓取 web 页面中动态加载数据的 Selenium 库等等。图形化操作的程序例如八爪鱼、火车头等采集器，用户只需要在程序中打开目标网站，点击希望采集的内容，程序就会自动访问网站并进行抓取。这些框架、库和成熟的程序大大减少了研究人员抓取数据需要编写的代码量，进一步降低了网络爬虫的使用门槛，对于多数非计算机相关专业的研究人员十分友好。

3.1 网页的本质

想要使用网络爬虫爬取网页上的数据，首先要对网页的本质有一个基本的认识。在如今网络极度发达的时代，大家日常都会熟练使用手机、电脑等设备通过各种浏览器访问大量的网页获取自己需要的信息，那么这个上网的过程具体是如何实现的？其实不论用什么设备中的哪款浏览器"上网"，本质上都是同一件事：我们告诉浏览器我们需要一份网页，浏览器知道了我们想要的网页后就会向服务器请求这个网页，服务器找到这个网页后就会返还给浏览器，由浏览器解析后显示在手机、电脑等终端设备上——这就是我们上网的过程。其中我们需要的所有信息都包含在服务器提供的网页文件中，它通常是一个 HTML 文档。

　　用来编写网页源代码的语言属于计算机前端语言。目前的计算机前端语言主要有 HTML、CSS、JavaScript 三种，他们分别负责不同的功能，一般都是共同作用才能组成一个网页。其中 HTML 标签语言决定网页的结构，CSS 决定网页中元素的表现样式，JavaScript 脚本语言决定网页模型的定义与页面的交互等行为。相比于另外两种语言，HTML 语言是网页开发的基础，CSS 和 JavaScript 都是基于 HTML 才能生效，即使没有这两者，HTML 本身也可以完成基本的内容展示。当我们爬取网页信息时，多数时候是根据网页源码中的 HTML 标签来定位到需要抓取的内容，所以掌握 HTML 语言十分重要。

　　HTML 的全名是"超文本标记语言"（HyperText Markup Language），20 世纪 90 年代由欧洲核子研究中心的物理学家蒂姆·伯纳斯 - 李（Tim Berners-Lee）发明。它的最大特点就是支持超链接，点击链接就可以跳转到其他网页，从而构成了整个互联网。HTML 语言不是一种编程语言，而是一种标记语言，是使用一套标记标签来描述网页，包含了 HTML 标签及文本内容，它属于标准通用化标记语言 SGML 的应用。正是因为这种通用化的特性，使得 HTML 语言编写出的网页文档能独立于各种操作系统平台（如 UNIX、Windows 等），支持各种终端（手机、台式电脑、平板电脑等）通过浏览器进行访问。正如上文所说，只使用 HTML 语言就可以完成展示基本内容的静态网页文件，这个文件里面包含的 HTML 代码是一种排版网页中资料显示位置的标记方法，只要了解了一些基本的标记标签的含义，就能读懂简单的网页文件代码。

　　HTML 标记标签被简称为 HTML 标签（HTML tag），通常是由尖括号包围的关键词，比如 <html>、<title> 等。HTML 标签是成对出现的，比如 <b> 和 </b>。标签对中的第一个是开始标签，第二个是结束标签，开始和结束标签也被称为开放标签和闭合标签。HTML 语言的基本单位是 HTML 元素，HTML 元素指的是从开始标签到结束标签的所有代码，元素的内容是开始标签与结束标签之间的内容。一般的 HTML 网页可以通过标签分为头部和主体两部分。<head></head>这一对标签分别表示头部信息的开始和结尾。头部中包含的标记是页面的标题、序言、说明等内容，它本身不作为内容来显示，但影响网页显示的效果。<body></body> 这一对正文标签表示主体部分的开始和结束，网页中显示的实际内容均包含在这两个正文标签之间。常见的标签包括标题标签（<h1>-<h6>）、段落标签 <p>(paragraph 的缩写)、换行标签
(break 的缩写)、<div> 和 <span> 标签（没有语义，是一个盒子，用来装内容 division span)、图像标签 <img>、表格标签 <table>、列表标签 <ul><li> 等等。

HTML 元素的组成部分除了开始标签、内容、结束标签外，还包括标签的属性，属性可以为 HTML 标签提供一些信息。属性是在开始标签中规定的，如：<div class="main">。其中 class 表示属性名，"main" 表示属性值（它包含在引号内，通常使用双引号）。一个标签可以没有属性，也可以有一个或多个属性。常见的标签属性如：class 属性用于定义元素的类名，通常适用于 <body> 标签内部；id 属性指定标签的唯一 id，该属性的值在 HTML 文档中具有唯一性；Style 属性指定标签的行内样式，如设置文本颜色、字体。当我们爬取一个网页中具体的内容时，首先需要通过阅读网页的源代码找到所需内容存在的标签，然后通过该标签的属性来定位到具体的内容。

3.2 网络爬虫原理与工具

了解了上述网页的原理，我们可以学习网络爬虫的基本知识。网络爬虫是一段爬取网页内容的程序或者脚本。首先，爬虫向目标站点发起请求，即发送一个 Request，等待服务器的响应。若服务器正常响应，会得到一个 Response，Response 的内容便是所要获取的页面内容，里面就包括我们需要的 HTML 文件。然后通过爬虫的解析模块，解析已爬取的页面，如果该页面中直接包含我们想要的内容，那么直接将这些内容保存成特定格式的文件或者保存到数据库中；如果该页面仅仅是一个列表页面，通过解析该页面可以得到其他网页的链接，并将这些链接作为之后爬取的目标。

本节介绍一种结合 Selenium 和 BeautifulSoup 的爬虫方案，具体来说就是使用 Selenium 模拟浏览器，访问由关键字指定的 url 把所有相关的 HTML 页面全抓下来，然后使用 BeautifulSoup 解析 HTML 文本，提取所需的文本信息，然后把文本信息以 Excel 格式存储起来。

Selenium 是一款用于测试网页应用程序的经典工具，它直接运行在浏览器中，仿佛真正的用户在操作浏览器一样，主要用于网站自动化测试、网站模拟登陆、测试网站功能等，同时也可以用来制作简易的网络爬虫。这里主要介绍 Python 环境下的 Selenium 技术。Python 语言提供了 Selenium 扩展包，它是使用 Selenium WebDriver（网页驱动）来编写功能、验证测试的一个 API 接口。Selenium Python 支持多种浏览器，诸如 Chrome、火狐、IE、360 等。Selenium WebDriver 的工作原理就是通过 Python 来控制 Selenium，然后让 Selenium 控制浏览器，这样就实现了使用 Python 间接操控浏览器。而爬虫中使用它主要是为了解决 requests 无法直接执行 JavaScript 代码从而导致无法爬取动态网页的问题。Selenium 通过驱动浏览器，完全模拟浏览器的操作，来拿到网页渲染之后的结果，因此不需要执行 JavaScript 代码的动态指令，简单来说就是可以轻松抓取用户通过浏览器看到的所有数据。Selenium 在爬虫方面的长处是模拟互动动作，但是对于静态网页文件的信息处理效率并不高，因此往往搭配其他工具对于抓取到的静态页面 HTML 信息进行解析。

BeautifulSoup 是 Python 的一个库，最主要的功能是从网页抓取数据。BeautifulSoup 提供一些简单的、Python 式的函数用来处理导航、搜索、修改分析树等功能。它是一个工具箱，通过解析文档为用户提供需要抓取的数据，因为简单，所以不需要多少代码就可以写出一个完整的应用程序。

4 小结

数据是构建指数的基础，在相当长的时间内，包括统计数据在内的社会调查数据构成了社会科学量化研究的数据基础，社会科学领域的指数也多基于调查数据构建。而随着大数据时代的来临，越来越多的人类行为被数据化，为新型指数的构建提供了可能。

本章系统梳理了指数研究中的常用数据源，除了通过社会调查或社会实验获取一手数据外，指数研究中经常复用政府、研究机构或个人开放的数据，或者从数据服务商处获得数据。除此以外，对于不涉及版权等问题的互联网开源信息，还可以使用网络爬虫更加高效地获取数据。当前的指数研究中，多源数据的混合使用正越来越流行，随后两章将进一步讨论这一过程中的数据质量和数据处理问题。

第六章 数据质量评估

　　第五章讨论了如何采集指数研究所需的数据。在实践中不难发现，无论是复用现有数据还是自采一手数据，都可能遇到各种各样的数据质量问题。因此，在进行数据处理之前通常需要对数据质量进行评估。本章将首先回顾数据质量领域的相关研究，进而重点讨论调查数据和互联网数据的评估方法。由于一些在数据质量领域颇有影响力的成果中将数据质量和信息质量视为同义词，在研究中常混用两个概念，因此本章在回顾文献的过程中也对这两个概念不加以区分。

1 数据质量相关研究

1.1 数据质量的定义

　　在社会科学领域，数据是人类对现实世界的测量结果，由此出发可以从以下两个角度来定义数据质量。

　　第一个角度是数据与现实世界的关系。作为对现实世界的测量结果，数据在多大程度上反映了现实世界的真实情况可以作为衡量数据质量的重要标准。在这一视角下，数据质量通常包括一致性以及架构和实例的正确性、完整性和最小性，在此类定义中，数据质量的核心在于是否准确、完整地测量了目标对象，由于其中主观判断的成分较少，因此这一视角下的数据质量也被称为"客观数据质量"。

　　第二个角度是数据与人的关系。数据是由人测量，最终目标也是服务于人，因此部分学者从数据与需求的契合程度出发来定义数据质量，例如有学者认为电子信息资源的质量取决于他们能在多大程度上满足潜在用户和应用场景的需求[1]。在此类定义中，需求是评估数据质量的标准，但需求可能是多变的、主观的，例如不同使

---

[1] Klobas JE. Beyond Information Quality: Fitness for Purpose and Electronic Information Resource Use[J]. *Journal of Information Science*, 1995, 21(02): 95-114.

用者、甚至同一使用者在不同情况下可能对同一数据的质量做出不同评价，因此这一视角下的数据质量也被称为"主观数据质量"。

20世纪90年代，麻省理工学院全面数据质量管理项目团队对1993年之前的数据质量研究进行了综述，其中将数据视为产品的一种特例，进而使用产品生产质量的评估框架，按照管理责任、操作和安全消耗、研发、生产、分布、人力管理、法律功能七个要素总结了早期的数据质量研究[1]。由此可以发现，早期的数据质量研究更多地关注如何像提高产品良品率那样提高数据生产的质量，而这一过程中需要像产品质量标准一样的统一、客观的数据质量评估标准。在此基础上，该团队对数据质量进行了进一步的研究，其典型成果就是本书第四章作为案例引用过的《Beyond accuracy》[2]。从标题就可以看出，这篇论文的核心观点在于数据质量不应该局限于准确性，需要通过数据消费者的角度来理解数据质量，这一观点产生了深远的影响。

表面来看，主客观相结合的数据质量定义或许是一种更好的方案，但从实践的角度看，无论是客观数据质量还是主观数据质量定义都存在一系列问题，将二者合并则可能使问题叠加。例如对于客观数据质量而言，如何定义"准确"一词就不是一个不言自明的问题，在实践中，如何进行准确测量、如何确定测量结果是否准确都是需要具体讨论的问题。再如对于主观数据质量，数据用户的主观性则是一个重要问题，当数据只有一个用户时，数据质量的标准在一定时间段内会相对稳定，而一旦数据存在多个用户，就可能存在语义难题，即使数据本身是准确的，不同用户在不同的应用场景中可能对同一数据有不同理解，进而对同一数据的质量会产生不同评价，不仅如此，用户对数据的错误理解和使用也会产生新的数据质量问题[3]。

针对这些问题，学界已经进行了大量研究。对于如何评估测量的准确性，社会科学研究方法从信度和效度的角度进行了探索，本章第二节将讨论这一问题。对于数据质量评估的主观性问题，有学者基于认知理论构建了一套理论模型用于理解用户和任务特征如何影响用户对数据质量的评估，并通过实验验证了专业性和任务模糊性的影响[4]。

---

1 Wang RY, Storey VC, Firth CP. A Framework for Analysis of Data Quality Research[J]. *IEEE Transactions on Knowledge and Data Engineering*, 1995, 7(04): 623-640.

2 Wang RY, Strong DM. Beyond Accuracy: What Data Quality Means to Data Consumers[J]. *Journal of Management Information Systems*, 1996, 12(04): 5-33.

3 Tayi GK, Ballou DP. Examining Data Quality[J]. *Communications of the Acm*, 1998, 41(02): 54-57.

4 Watts S, Shankaranarayanan G, Even A. Data Quality Assessment in Context: a Cognitive Perspective[J]. *Decision Support Systems*, 2009, 48(01): 202-211.

1.2 数据质量的维度

从关于数据质量定义的讨论可以发现，数据质量是一个综合性的概念，因此在评估具体数据的质量时可能需要从不同维度进行评估，本节将回顾数据质量维度的部分研究，为评估工作提供参考。

上文提到的《Beyond accuracy》一文正是数据质量维度问题的经典研究。Wang等在这篇1996年的论文中从数据消费者的视角出发，通过一手资料的收集初步确定数据质量的潜在维度，进而对这些潜在的数据质量维度进行筛选、归纳与排序，最终将数据质量分为4个一级指标，15个二级指标，具体如表6-1所示[1]。随后该团队在1997年的《Data Quality in Context》一文中基于3个组织中的42个数据质量项目，进一步深入讨论了其中的内在质量、情境质量和可得性质量三个维度[2]。这一数据质量维度框架对这一领域产生了深远影响。

表6-1 《Beyond accuracy》中数据质量的分类和指标体系[3]

一级指标	二级指标
内在质量	可信度、准确性、客观性、声望
情境质量	增加值、相关性、及时性、完整性、适量
表示质量	可解释性、易于理解、表示的一致性、简洁性
可得性质量	可得性、通道安全性

以上框架具有较强的普适性，除此以外，一些特定类型的数据的质量评估维度也得到了专项研究。例如，在指数研究中统计数据是常用的数据类型，而关于统计数据的质量维度有许多研究可参考，其中国际货币基金组织（IMF）的数据质量评估框架（DQAF）的影响较大。该框架分为质量的先决条件、诚信的保证、方法的健全性、准确性和可靠性、适用性、可获得性六个部分[4]，其中部分维度是面向统计数据的生产者，而部分维度是面向数据本身及其用户。

---

1 Wang RY, Strong DM. Beyond Accuracy: What Data Quality Means to Data Consumers[J]. *Journal of Management Information Systems*, 1996, 12(04): 5-33.
2 Strong DM, Lee YW, Wang RY. Data Quality in Context[J]. *Communications of the Acm*, 1997, 40(05): 103-110.
3 同注释1。
4 常宁. IMF的数据质量评估框架及启示[J]. 统计研究, 2004(01): 27-30.

表6-2　IMF的数据质量评估框架[1]

维度	要素
质量的先决条件	法律和制度环境、资源、相关性、其他数据质量管理措施
诚信的保证	专业性、透明度、民族性
方法的健全性	概念和定义、范围、分类和分区、计量组织
准确性和可靠性	原始数据、原始数据的评估、统计方法、中间数据集统计结果的评估和验证、修订政策
适用性	期限与及时性、一致性、修订政策与实践
可获得性	数据的可获得性、元数据的可获得性、对数据使用者的帮助

　　随着大数据时代的来临，数据的生产方式、形式、内容等方面都越来越多样，而大数据的质量维度也成为一个新问题。对此许多研究团队进行了大量研究，目前还在不断发展中，此处仅举几例相关研究。欧洲委员会大数据质量任务团队将大数据质量分为组织 / 商业环境、隐私和安全、复杂性、完整性、可用性、时间因素、准确性、一致性、有效性九个维度[2]。有学者参考 ISO/IEC 25012 标准将大数据质量分为情境适用性、时间适用性、操作适用性三个维度，其中情境适用性包括相关和完整、唯一和语义互操作、语义准确、可信度、保密、符合规定和要求等指标，时间适用性包括共时、及时、及时更新、频率、时间一致性等指标，操作适用性包括可得、授权、有效性等指标[3]。我国学者从数据可用性的角度将大数据质量分为数据一致性、数据准确性、数据完整性、数据时效性、实体同一性五个维度[4]。

1.3 数据相关性

　　关于数据质量维度的部分研究中已经提及了数据相关性，在数据匮乏的时代，由于备选数据较少，数据相关性通常易于评估。而在大数据时代，随着数据资源的

1 常宁. IMF 的数据质量评估框架及启示[J]. 统计研究，2004（01）：27-30.
2 UNECE Big Data Quality Task Team. A suggested framework for the quality of big data[EB/OL]. http://www1. unece.org/stat/platform/download/attachments/108102944/Big%20Data%20Quality%20Framework%20-%20 final-%20Jan08-2015.pdf?version=1&modificationDate=1420725063663&api=v2, 2022-09-08/2023-11-30.
3 Merino J, Caballero I, Rivas B, et al. A Data Quality in Use Model for Big Data[J]. *Future Generation Computer Systems*, 2016, 63: 123-130.
4 李建中，王宏志，高宏. 大数据可用性的研究进展[J]. 软件学报，2016，27（07）：1605-1625.

不断丰富，对于同一研究问题可能同时存在众多备选数据，不仅如此，许多数据并非为了研究而生产，而是其他活动的副产品，例如现在常用的各类互联网数据通常是互联网公司为用户提供信息服务的副产品，此时数据的相关性正变得越来越重要。对于指数研究而言，研究者可能需要从众多数据中找到与特定研究相关的数据，或者需要评估特定数据是否与特定研究相关。

对于数据相关性的评估，由于数据通常不易直接阅读和理解，因此难以直接判断其相关性，需要更多技术和外部信息的辅助，在现有研究中常用方法如下。

一种方法是引入专业知识评估特定类型数据的相关性。如果数据在生产和使用环节都具有明显的领域特征，例如将医学数据用于健康医疗领域的研究，并且生产端和使用端都有相对成熟的专业知识做支撑，则可以结合两端的专业知识构建相关性评估规则体系，进而根据规则体系在实践中评估特定数据的相关性。例如，有学者基于健康医疗领域的专业知识，构建了包含外部一致性、连接性、同一性、完整性、一致性、时间模式等指标的规则体系评估多源电子健康记录数据的相关性[1]，也有学者针对生态病理学数据的特定性提出了一种使用专家知识、多重标准和模糊逻辑的方法论[2]，还有研究者根据物联网日志数据的特点，从设备、个人、地理等常规不确定性和其他非常规不确定性因素等方面定义了数据相关监测规则[3]。

另一种方法是基于数据自身特征评估其对于特定问题的相关性。其思路是通过挖掘数据内部特征判断数据的属性，进而对数据进行分类并打上标签，然后根据这些标签判断数据与任务的相关性。例如，有研究使用自然语言处理技术挖掘了地理信息领域的众包文本数据，然后将挖掘结果与主题相关性、地理相关性两个维度相结合判断特定数据在特定任务中的相关性[4]。虽然这种方法是以数据特征为核心，但仍离不开专业知识的支撑，只是专业知识的重要性相较于第一种方法有所下降。

1 Van hoeven LR, De bruijne MC, Kemper PF, et al. Validation of Multisource Electronic Health Record Data: an Application to Blood Transfusion Data[J]. *Bmc Medical Informatics and Decision Making*, 2017, 17(01): 107.

2 Isigonis P, Ciffroy P, Zabeo A, et al. A Multi-criteria Decision Analysis Based Methodology for Quantitatively Scoring the Reliability and Relevance of Ecotoxicological Data[J]. *Science of the Total Environment*, 2015, 538: 102-116.

3 Yang P, Stankevicius D, Marozas V, et al. Lifelogging Data Validation Model for Internet of Things Enabled Personalized Healthcare[J]. *IEEE Transactions on Systems, Man, and Cybernetics: Systems*, 2016, 48(01): 50-64.

4 Koswatte S, Mcdougall K, Liu X. Relevance Assessment of Crowdsourced Data (CSD) Using Semantics and Geographic Information Retrieval (GIR) Techniques[J]. *Isprs International Journal of Geo-information*, 2018, 7(07): 256.

1.4 数据质量评估方法

现有研究通常将数据质量的评估方法分为定性评估、定量评估和综合评估三类。

定性评估是指基于专业知识、元数据和部分数据内容对数据质量进行直接判断。如上文所述，数据质量的一种定义是其满足数据使用者需求的程度，因此在应用环节可以基于用户对于数据应用场景的专业知识对数据质量进行判断。而在判断过程中，元数据是重要的评估对象。元数据是关于数据的数据，记录了关于数据的各类信息，例如其生产者、生产方式、基本特征等。使用者可以基于元数据了解数据的总体情况，而更细节的信息则需要通过阅读原始数据获取，在这一过程中通常采用抽样的方法判断部分数据的质量。

对于数据质量中的部分客观维度，例如完整性、一致性等可以通过定量方法进行评估。最简单的方法就是对数据进行描述性统计，进而了解数据的缺失值占比、集中和离散趋势等信息，帮助用户快速了解数据是否存在一些明显的质量问题。更进一步，可以计算数据内部指标间的相关性或者指标与标准的相关性判断其质量，本章后半部分将详细讨论这一内容。除此以外，对于大数据的质量问题，还可以使用机器学习的自动化或半自动化方法进行评估。

综合评估也称为定性定量相结合的评估方法，其最常见的做法是对定性的专家知识进行量化，进而使用量化方法进行计算，最终获得对数据质量的综合评估。常用的方法包括德尔斐法、模糊综合评价法、层次分析法等。事实上，可以将综合评估数据质量的过程视为构建数据质量评估指数，本书第八章也会通过实例讲解层次分析法，此处不再展开。

1.5 数据质量与指数研究

以上内容简要回顾了数据质量的相关知识，接下来将结合指数研究的特征总结以上内容对指数研究中数据质量评估的启发。

数据质量存在问题是常见现象，需要进行科学评估和处理。在指数研究中，无论采用何种方式获取数据都可能遇到数据质量问题，例如自己进行的问卷调查可能由于题目设置有问题导致数据的信度或效度不高，使用国际组织的数据可能遇到缺失值问题，通过网络爬虫获取的数据可能存在大量的乱码、异常值等。这些质量问题可能对结果产生极为重要的影响，其中有些影响是显性的，有些则是隐性的，研究者如果没有意识到数据质量存在问题会导致指数结果偏离研究目标。因此，在获取数据后需要首先对数据质量进行评估，本章随后两节将会介绍调查数据和互联网数据的质量评估方法。在完成评估后，对于存在严重质量问题的数据需要进行重新采集，而有些小问题可以通过技术手段处理，第七章将介绍指数研究中的常用数据处理方法。

在指数研究中需要多维度评估数据质量。从数据质量维度的相关研究可以发现，数据质量包含许多方面的内容。对于单次指数研究而言，可以较少关注其中组织类、流程类的维度，而重点关注数据本身的特征以及数据与研究问题的关系，例如完整性、一致性、相关性等，结合专业知识、元数据以及数据的统计特征等方面综合评估所得数据的质量，评估过程中可以灵活使用定性或定量的方法。对于自动化、高频率的指数研究而言，还需要进一步关注组织类、流程类的维度，例如需要评估数据生产、传输等环节每一步的质量，将其与自动化数据挖掘的结果相结合动态化评估数据质量，评估过程以定量评估为主。

需要重点关注相关性评估。在指数研究的量化过程中，很多情况下无法绝对完整、准确地测量研究概念，经常以关键部分代表整体或是进行间接测量，而在这一过程中可能存在多个备选数据。例如，GDP是测量一个国家总体经济水平的常用数据，其在许多研究场景中都适用，但事实上GDP只能部分反映国家的总体经济水平，而且在使用GDP时也存在名义GDP、实质GDP、GDP增速、人均GDP等多种备选。再如，在预期研究中，许多学者开始使用搜索行为数据测量网民对经济社会的各种预期，这属于典型的间接测量，如何评估测量结果与研究问题的关系是一个重要问题。综上，在特定应用场景中，是否应该使用特定数据测量特定概念，或者应该使用哪种数据测量特定概念，这并不是不言自明的问题，研究者应该对数据与概念的相关性进行科学评估。

2 调查数据的信度与效度评估

在社会科学研究中，问卷等调查方法是获取数据的重要途径，在指数研究中也不例外，许多指数都基于调查数据构建，其中既包括研究者自行调查获得的数据，也包括统计数据等大型社会调查的结果数据。而关于调查数据的质量评估已形成相对成熟的体系，本节将综合相关研究，简要介绍评估调查数据质量的思路与方法。

2.1 信度评估

对于调查数据的质量，常被问到的问题包括数据是否可信、是否准确等。严格地说，可信和准确在概念上并不相同，但二者在实践中又高度相关。如表 6-1 所示，《Beyond accuracy》一文中认为内在质量同时包含可信度（believability）和准确性（accuracy），但其关于准确性的说明中除了无错误（error-free）、错误易被识别（errors can be easily identified）等含义外，也包括可靠的（reliable）这项含义。虽然 believability 和 reliability（信度）在含义上分别有所侧重，但从数据质量评估的角度来看，二者很多情况下又难以区分。

在社会研究方法中，信度是指用相同技术重复测量同一事物，观察是否能获得相同的结果[1]。对于这一定义，一种常见的疑问是，为什么不将信度定义为测量结果与测量对象真实值的接近程度，而将其定义为重复测量结果的相似程度。笔者认为，这主要是因为在社会科学研究中，测量对象的真实值在很多情况下是未知或无法观测的，而抽样方法会进一步加剧这种未知性。例如，物价虽然是一个客观指标，但当研究者通过调查方法测量一个城市的物价水平时，则会面临许多问题，例如同一件商品在同一城市的不同商店可能价格不同，理想情况下，可以将城市中所有商品的价格记录下来然后计算平均水平，此时真实值是已知的，但社会调查中通常无法做到全样本，而只能利用抽样的方法通过部分商品的价格测量总体，此时总体真实价格水平则是未知的，无法通过对比真实价格与调查价格来评估测量信度。而对于一些不那么客观的指标，例如心理特征等，则即使在全样本的情况下也难以获得真实值。

由此可见，在社会调查中，将测量结果与真实值进行比对通常十分困难，而相对可行的方法是对同一事物进行多次测量，测量结果越一致则说明其结果越有可能是可信的。而在重复测量时可以采用不同的方法，常用方法如下。

（1）采用完全相同的工具在不同时点进行多次测量。对于那些不易随时间发生变化的数据，可以对其在多个时点进行重复测量，测量结果越一致则信度越高。例

---

1 艾尔·巴比. 社会研究方法(第十四版)[M]. 邱泽奇 译. 北京: 清华大学出版社, 2020: 133.

如，对于一个城市的物价，如果假设在没有特殊事件发生的情况下一周内的物价水平是稳定的，则可以在一周之内采用同样的抽样方法和调查工具进行两次及以上的测量，进而计算测量结果之间的一致性。这种方法称为前测—后测方法，其结果称为重测信度[1]。

（2）采用本质相同但形式略有不同的工具进行多次测量。在社会调查中，测量工具的不同表述可能对结果产生影响，例如问卷中的措辞可能会影响被调查对象的填写。为了评估这一问题的影响，可以针对同一测量对象使用多个测量工具，这些测量工具虽然形式上有所不同，但都是用来测量相同的内容。复本信度、折半信度[2]就是采用的这种方法的评估。例如在一次问卷调查中，针对物价设置四个题目，然后将其随机分为两组放在问卷的不同位置，最后通过计算两组结果的一致性判断测量的质量。

2.2 效度评估

通过以上讨论可以发现，信度能在真实值未知的情况下评估测量结果的稳定性，但不可否认的是，稳定不等于准确。在经典教材《社会研究方法》中，艾尔·巴比用打靶的结果形象地说明信度，其指出如果每次打靶的结果都十分接近、弹孔集中在一团，则说明结果具有较高的信度，但弹孔可能集中在两环附近，远离靶心，说明测量结果可能并不准确，与研究者实际想要测量的内容相去甚远[3]。在实践中通常还需要评估测量结果与靶心的距离，即效度（validity）。

在社会调查中，效度是指"实证测量在多大程度上反映了概念的真实含义"[4]。此处的"真实含义"与上文提到的"真实值"有所不同。仍以价格为例，假设已知城市中某一商品在所有商店中售价的平均值为10元，因此将其价格的真实值定义为10元，当数据测量的是"客观价格"时，在效度评估中关心的不是测量结果在多大程度上接近10元这个真实值，而是所测量的是否是价格、是否客观、是否与别的概念混淆，例如如果实际测量的是消费者对未来价格的预期而非当下的实际售价，即

---

1 袁方.社会研究方法教程[M].北京：北京大学出版社，2004：189.

2 同注释1：190.

3 艾尔·巴比.社会研究方法（第十四版）[M].邱泽奇 译.北京：清华大学出版社，2020：137.

4 同注释3：136.

使测量结果接近 10 元，也不能认为测量具有较高的效度。

由于效度评估更为关注概念上的相关性，因此在评估中侧重于将测量过程和结果从不同角度与概念进行对比，常用方法如下。

（1）与专家知识进行对比，评估表面效度（face validity）[1]。在评估测量与概念相关性的过程中，首先面临的问题就是如何理解概念，而对于这一问题，最通用的方法是引入专家知识。通过专家知识可以对概念进行解读，进而将数据测量过程与解读结果进行对照，如果测量中的各个环节都较好地契合了测量对象，则所得的数据更可能具有较高的效度。与本节介绍的其他信度和效度评估方法不同，表面效度通常采用定性方法评估，其优势在于能够更加深入地将专家知识融入数值质量评估，并且具有更强的普适性，但需要注意专家观点的主观性与差异性问题。

（2）与标准进行对比，评估准则效度（criterion-related validity）[2]。部分成熟的专家知识会形成普遍认可的标准，此时可以将测量结果与标准进行对比，如果二者具有较高的一致性，则测量更有可能具有较高的效度。除了专家知识以外，客观社会现实也可以作为准则效度中的准则。例如，可以将某一事物过去的状态作为准则，采用新工具对其进行测量，进而将测量结果与准则对比，如果二者一致性较高，则该工具在用于测量当下和未来时更可能具有较高的效度。与之类似，也可以对未来的状态进行测量，并等待该状态的实际出现，进而根据测量与未来实际值的一致性判断效度，这种效度也被称为预测效度（predictive validity）[3]。

（3）与其他概念的测量结果对比，评估建构效度（construct validity）[4]。在许多情况下，尤其是对于一些新问题的测量，并没有现成的直接标准可供比对，此时可以考虑进行间接比对。例如，研究者的目标是测量概念 A，虽然对于概念 A 没有现成的测量标准，但基于理论可知概念 A 和概念 B 高度相关，此时如果有关于概念 B 的数据，则可以通过计算测量结果与概念 B 数据的相关性判断测量的建构效度，如果二者的相关性较高，则对于概念 A 的测量结果更可能具有较高的效度。在社会科学中，概念之间存在普遍的关联性，因此建构效度在实践中通常具有较强的可行性。在评估建构效度的过程中，一方面要意识到间接比对的局限性，必要时通过多轮比

---

1 艾尔·巴比. 社会研究方法(第十四版)[M]. 邱泽奇 译. 北京：清华大学出版社，2020：136.
2 同注释1.
3 同注释1：137.
4 同注释3。

对提高评估的严谨性，另一方面要考虑作为标准的数据的质量，尽可能选择高质量数据进行对比。

在指数研究中，以上方法并非在每一次测量中都适用，研究者在评估数据信度和效度的过程中，可以根据具体研究场景选择合适的方法进行评估。例如，当能够自主掌控测量的全流程时，可以在测量工具的设计环节评估是否要进行多次测量，如果多次测量难度较大就可以考虑使用折半信度。再如，当研究者复用现有的调查数据时，如果工具中没有进行信度检验设置，则通常很难量化评估信度，此时可以根据数据生产者可信度或生产工具的科学性简要评估数据的信度，并重点评估数据效度，根据是否有直接和间接的可对比数据选择准则效度或建构效度，或者同时使用两种方法。

3 互联网行为数据的质量评估[1]

在大数据时代，社会科学研究可用的数据不断丰富，其中一类典型的新数据就是互联网行为数据。互联网行为数据是网民在网络中各种行为产生的数据，例如搜索行为数据、社交媒体中的文字信息等，这类数据能够反映大样本的行为特征，在指数研究中正得到越来越多的使用。但由于这些数据并非为科学而生，研究者通常无法参与其生产，因此网络行为数据的质量成为一个更难评估的问题，虽然调查数据质量的评估方法对其具有一定的启发性，但除此之外还有许多需要注意的问题，本节将聚焦于网络行为数据的质量问题，介绍其核心影响因素以及评估方法。

3.1 网络行为数据质量的核心影响因素

网络行为数据的质量问题源于其生产或产生机制。网络行为数据并非为统计而生，而是由有机系统根据业务需要记录下来的[2]，决定数据内容和形式的常常不再是研究人员，而是在多数情况下完全独立于研究人员的系统平台。不仅如此，"网络"

---

1 本节核心内容已发表于《图书情报工作》2019年第6期，原题为《网络行为数据的适用性评估问题初探》，作者为聂磊、王延飞，此处结合本章主题对部分内容做了改动。
2 Groves RM. Three Eras of Survey Research[J]. *Public Opinion Quarterly*, 2011, 75(05): 861-871.

一词天然地将行为发出者限定为网络用户。平台和用户是影响网络行为数据质量的主要因素。

3.1.1 平台因素

目前最常被使用的网络行为数据，如社交媒体数据、搜索数据等，大多是由特定平台采集、存储并展示的，并且这些平台多具有商业属性，这就会从以下三个方面影响数据的质量。

（1）平台和用户的双向选择会影响数据代表性。网络行为数据并非全样本数据，以新浪微博为例，其2022年6月的月活跃用户数为5.82亿[1]，即使不考虑一人拥有多个账号的现象，这也仅占中国总人口的41.2%。数据量的增加并不能保证数据代表性[2]，尤其是来自商业平台的数据[3]。用户和平台之间的双向选择，如平台间差异化的营销策略、用户偏好等，会导致不同平台可能代表不同用户群体，因此一旦研究对象总体超出了平台范围，特定平台数据的质量就成了问题。值得注意的是，这并不仅是抽样问题，更是机制（mechanisms）问题，在单一平台进行抽样并不能解决这一问题。

（2）平台会影响用户行为，进而影响数据测量效度。平台常常采用各种方法吸引和留存用户，如各类平台的精准营销、搜索引擎的关键词补全和推荐、社交媒体的热门事件推送等，这些都会对用户行为产生影响，导致行为数据背后的含义发生变化，进而导致看似有效甚至曾经有效的测量变得无效，谷歌流感预测就是典型案例。Lazer等指出工程师优化服务和用户接受服务的过程会产生算法动态性问题（algorithm dynamics），即用户的行为随算法发生变化，而这正是导致谷歌流感预测无法持续成功的主要原因之一[4]。

（3）平台对数据的管理行为会影响研究人员对数据的获取。网络行为数据作为

1 金融界. 微博2022年第二季度净收入4.5亿美元，6月的月活跃用户数5.82亿[EB/OL]. https://baijiahao. baidu.com/s?id=1742823618284275068&wfr=spider&for=pc，2022-09-02/2023-11-30.

2 Boyd D, Crawford K. Critical Questions for Big Data[J]. *Information Communication & Society*, 2012, 15(05): 662-679.

3 Liu J, Li J, Li W, et al. Rethinking Big Data: a Review on the Data Quality and Usage Issues[J]. *Isprs Journal of Photogrammetry and Remote Sensing*, 2016, 115: 134-142.

4 Lazer D, Kennedy R, King G, et al. The Parable of Google Flu: Traps in Big Data Analysis[J]. *Science*, 2014, 343(6176): 1203-1205.

大数据的典型代表，具有体量大、更新速度快等特征[1]，针对这些特征，平台在数据的记录、存储、检索等方面有相应的管理模式，包括元数据记录的规范性和完整性、数据入库周期、可供不同用户检索的数据范围、数据接口的调用范围等。这些模式由平台决定，通常不对外公开且随时可能变化，而其形成和变更常常是由商业目的决定的。这些模式必然影响研究者获取数据的数量、形式甚至内容，进而影响数据的质量。例如元数据中对数据属性的不规范记录可能导致研究者对数据产生错误理解进而提取出不适用于特定研究的数据。

3.1.2 用户因素

网络行为数据是由网络用户产生的，但社会科学研究的对象并不仅仅包括网络用户，因此用户因素对数据质量的影响常常是不可避免的，其影响主要来源于以下三方面。

（1）互联网用户的人口社会属性。即使不考虑平台因素，网络用户的总体特征也会影响数据的代表性，即网络用户的人口社会属性可能与研究对象不一致。例如，截止到 2021 年 12 月，中国网民中城镇网民占比为 72.4%，农村网民占比为 27.6%[2]，而同期我国总人口中城镇人口占比为 64.7%，乡村人口占比为 35.3%[3]，两个分布存在一定差异，如果不加处理直接用网络行为数量对比的结果反映某一问题的城乡差异，就可能导致结果有偏差。

（2）相同行为模式可能代表不同含义。一方面，不同甚至相同类型的用户可能按照完全不同的逻辑实施同样的行为，各类行为数据混杂在一起可能使测量结果无效，进而导致其质量大打折扣；另一方面，如果研究者获取数据的方式与用户行为模式不一致，也可能导致所得结果不适用，例如通过标签（hashtag）获取社交媒体数据就会使不喜欢加标签的用户被排除在测量之外[4]。

（3）用户对"被测量"做出的反应。网络行为数据可被测量已不是秘密，如果用户不愿意被测量，就可能采取相应的策略使自己的行为"不可见"。例如 Lotan 的

---

1 Inc G. What is Big Data?[EB/OL]. https://www.gartner.com/it-glossary/big-data, 2022-05-21/2023-11-30.

2 中国互联网络信息中心. 第49次《中国互联网络发展状况统计报告》[EB/OL]. http://www.cnnic.net.cn/n4/2022/0401/c88-1131.html, 2022-02-25/2023-11-30.

3 国家统计局. 2021年国民经济持续恢复 发展预期目标较好完成[EB/OL]. http://www.stats.gov.cn/xxgk/sjfb/zxfb2020/202201/t20220117_1826436.html, 2022-01-17/2023-11-30.

4 Tufekci Z. Big Questions for Social Media Big Data: Representativeness, Validity and Other Methodological Pitfalls[C], 2014.

研究表明，部分推特用户在使用各种策略与推特做对抗，并在这一过程中很好地理解并利用了推特的倾向主题算法[1]。类似的做法在国内也很常见，例如通过图片、表情、暗语等表达观点，这都增加了测量的难度，使研究者难以获得适用于特定研究的数据，甚至可能在不自知的情况下获得不适用的数据。

3.2 网络行为数据质量的评估框架与方法

通过以上分析不难发现，平台和用户对网络行为数据的质量有着重要影响，因此可基于平台和用户进行评估。与此同时，还可以由后向前倒推，即对利用网络行为数据得到的测量结果进行评估，反过来判断数据的质量。总体评估思路如图 6-1 所示：

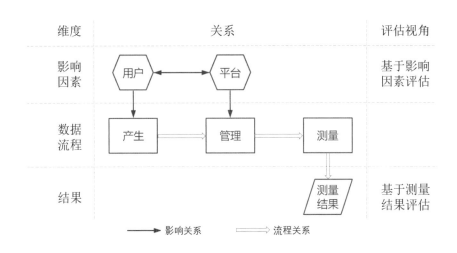

图 6-1　网络行为数据质量的评估思路

在这一思路下的评估框架如表 6-3 所示，其中基于影响因素评估对应的内容源于平台和用户对网络行为数据质量的影响，基于测量结果评估对应的内容参考了调查数据的效度评估[2]。

1 Lotan G. Data Reveals That "Occupying" Twitter Trending Topics is Harder than it Looks[EB/OL]. http://blog.socialflow.com/post/7120244374/data-reveals-that-occupyingtwitter-trending-topics-is-harder-than-it-looks, 2011 - 10 - 12 / 2023 - 11 - 30.
2 袁方. 社会研究方法教程[M]. 北京: 北京大学出版社，2004: 145 - 149.

表6-3　网络行为数据质量评估框架

评估对象	评估视角	评估内容
网络行为数据质量	基于影响因素评估	平台和用户特征
		平台对用户的影响
		平台和用户的行为模式
	基于测量结果评估	预测效度
		共变效度
		建构效度

3.2.1 基于影响因素评估

（1）评估平台和用户特征

评估数据的发生源特征有助于判断其适用程度[1]。对于网络行为数据而言，其发生源由平台和用户共同组成，而通过上文讨论不难发现，互联网平台和用户都存在代表性问题，在利用网络行为数据研究总体时容易产生误差。但对研究者而言，重要的不是没有误差，而是能知道和控制误差的大小[2]，尤其是当误差可能发生在指数的核心变量上时。对于数据代表性的评估，可参考如下评估方法：

基于平台官方数据评估。大型平台常常会分析自己用户的特征并公开发布，其中包括相对精确的数据，如公司财务报告中的用户数量，也包括估算的数据，如用户画像。通过这些数据能对数据代表性形成方向性判断。

基于已有调查数据或研究成果评估。一方面，可以利用以中国互联网络信息中心（CNNIC）为代表的调查数据评估数据代表性；另一方面，也可以通过已有实证研究获取判断依据，如 Duggan 和 Brenner 对推特的分析有助于研究者评估推特用户特征[3]。

以 Doyle 利用推特数据对英语方言演变进行的研究为例，作者首先基于已有研究指出推特数据偏向年轻群体，并且略微偏向城市，但语言学研究表明城市年轻人

---

1 王延飞，秦铁辉. 信息分析与决策(第2版)[M]. 北京：北京大学出版社，2010：188-192.

2 袁方. 社会研究方法教程[M]. 北京：北京大学出版社，2004：145-149.

3 Duggan M, Brenner J. The Demographics of Social Media Users-2012 [EB/OL]. http://www.pewinternet. org/2013/02/14/the-demographics-of-social-media-users-2012, 2013-02-14/2023-11-30.

是语言变迁的主要驱动力，同时自媒体上语言的非正式性也符合语言变迁研究的要求，因此作者认为推特上的用户行为数据适用于这一研究[1]。

（2）评估平台对用户的影响

关于平台对用户行为影响的研究目前相对较少，同时，这种影响可能是动态和不规则的，如平台会不定期推出新功能。因此，除了参考已有研究外，研究者更加需要通过实验评估具体研究案例中平台对用户的影响。

单一平台的时序对比。其基本思想是，如测量对象具有一定的时序特征，则其时序数据的"异常"变化多是外力影响的结果。若平台行为已知，可评估其是否对表征用户行为的时序数据产生了影响；若平台行为未知，可通过时序数据"异常"识别进行辅助判断。例如可以通过差分值、时间序列分解后的随机因素值等指标在特定时间段内的方差判断其变异程度，或通过异常值识别算法发现数据异常。Brodersen 等的研究结果表明，通过时间序列模型能够验证某一条广告是否影响了谷歌用户的搜索和点击行为[2]，这一方法可推广至网络行为数据的质量评估。

多平台对比。这一方法的基本思想是，对于同一个问题的测量在多个平台得到的数据之间一致性越高，则单一平台对用户产生特定影响的可能性越低。需要注意的是，当不同平台间的测量结果一致性较高时，有可能是各平台对用户产生了相同的影响，因此所用平台越多、平台间差异越大，则对比结果越具参考价值。黄恒君等在研究利用网络数据构建单位名录库时，通过对比大众点评网和糯米网的商户信息验证了数据的真实性和全面性[3]，其本质是对比不同网站上的商家行为，因此其做法在评估平台对用户的影响时同样适用。

（3）评估平台和用户的行为模式

研究者在评估平台对数据的管理机制和用户行为模式影响时面临的问题本质上是相同的，即需要建立平台和用户行为与研究之间的联系。对于这一问题，可参考如下评估方法：

1 Doyle G. Mapping Dialectal Variation By Querying Social Media[A]. Wintner S. Proceedings of the 14th Conference of the European Chapter of the Association for Computational Linguistics[C]. Gothenburg: ACL, 2014: 98-106.

2 Brodersen KH, Gallusser F, Koehler J, et al. Inferring Causal Impact Using Bayesian Structural Time-series Models[J]. *Annals of Applied Statistics*, 2015, 9(01): 247-274.

3 黄恒君，陶然，傅德印. 单位名录库更新：互联网大数据源及其数据质量评估[J]. 统计研究，2017，34(01): 12-22.

第一，通过官方信息评估平台数据管理模式对质量的影响。部分平台会在开发者平台、行业论坛等渠道公布自身技术信息，研究人员也可以向平台客服咨询相关技术信息。从笔者调研结果来看，虽然其中不乏一些有用信息，如数据接口的抽样比例、更新周期等，但通过这些渠道获取的信息常常不充分且不及时，或许这正是相关学者常建议研究人员跟数据提供者合作[1]的原因。

第二，基于网络行为模式的相关研究评估数据的质量。网络行为模式是近年来一个热门研究主题，情报学、计算机科学、心理学等学科已在这一领域取得了大量研究成果，通过对已有研究的回顾将有助于研究者评估数据的质量。例如，孙毅、吕本富等在利用搜索引擎数据研究消费者信心时，通过已有研究验证了网络搜索行为与消费者信心的关联，进而构建了基于搜索数据的消费者信心指数[2]。

第三，基于实验评估平台和用户的行为模式。如果缺乏已有研究和官方信息作为评估依据，研究者只能通过实验逆向研究用户行为模式和平台对数据的管理模式。虽然研究目的不同会导致实验方向的不同，但核心思想都是首先挖掘已经受到平台和用户行为影响的数据，发现其中的规律，进而逆向理解其产生过程。例如通过用户行为对用户进行聚类，并研究类别间行为模式的差异，进而探索不同行为模式所代表的含义，或者通过对数据的动态跟踪分析研究平台的数据发布规律。为说明这一思路，本文进行了一个简单的示例性实验。

笔者曾利用某社交媒体的站内搜索功能，以"研究"为关键词，区域限定为"北京"，时间限定为 2018 年 5 月 16 日 8:00 到 11:59，采用这一相同检索式，在 10 个不同时间点进行了多次检索，获得的数据条数如表 6-4 所示。从表中不难发现数据条数呈递减趋势，5 天时间内数据条数减少了 2.1%。虽然单次实验本身不能证明存在规律，但它提供了一种方向。假设这一结论经过大量实验验证，无论是由于部分用户倾向于删除行为数据，还是由于站内搜索引擎的限制，这都意味着研究者用这种方式获取的历史数据可能是不全面的，如果研究问题对这一点很敏感，尤其是研究发生在很久之前的事件时，这一数据的质量就会大打折扣。

---

1 Liu J, Li J, Li W, et al. Rethinking Big Data: a Review on the Data Quality and Usage Issues[J]. *Isprs Journal of Photogrammetry and Remote Sensing*, 2016, 115: 134-142.

2 孙毅，吕本富 等. 基于网络搜索行为的消费者信心指数构建及应用研究[J]. 管理评论，2014，26(10): 117-125.

表6-4 社交媒体平台站内搜索数据条数

检索时间	5.16 12:01	5.16 13:01	5.16 14:01	5.16 15:01	5.16 16:01
数据条数	1,125	1,125	1,124	1,124	1,123
检索时间	5.17 7:30	5.18 7:30	5.19 7:30	5.20 7:30	5.21 7:30
数据条数	1,116	1,111	1,107	1,102	1,101

3.2.2 基于测量结果评估

如果研究者无法对平台和用户进行评估，还可以通过评估测算结果倒推网络行为数据的质量，这方面可借鉴社会调查数据的效度评估方法中预测效度、共变效度和建构效度评估。

（1）评估预测效度

预测效度是"将已得到的测量结果与未来实际发生的情况进行比较，以检查两者的一致性"。[1]当测量具有时序属性时，可采用预测效度进行评估。具体来看，有两种不同的方法：

先测量，然后等待结果出现，最后进行评估。以统计指标的替代指标为例，多数统计指标的发布都会有所滞后，例如6月中旬发布对5月的测量结果，如果研究者在统计指标发布之前通过网络行为数据完成了测量，就可以在统计数据发布后对其进行验证，单次测量可计算预测值与实际值的差值，多次测量可计算二者的均方误差等，进而通过这些指标判断数据的质量。这是一种理想情况，但在实际使用中会受到一定限制。例如，若结果的发生时间是不确定的，则研究周期可能被无限拉长。因此在实际使用中有时会采用第二种方法。

利用历史数据进行评估。其基本思想是，如果能用某一历史结果出现之前的数据精准地对其进行预测，则说明数据曾经是适用的，进而遵循时间序列外推的思路，认为数据现在仍有一定的质量。如果历史数据序列足够长，则可使用均方误差、累计均方误差等指标进行评估。在实际使用中，研究者常用重大历史事件作为预测对象。这种方法易于实现，但属于事后解释，加上外推法本身的缺陷，其科学性容易受到质疑，因此常作为辅助评估方法。

基于网络行为数据的经济预测研究常使用预测效度评估数据的质量。例如谷歌

---

1 袁方.社会研究方法教程[M].北京：北京大学出版社，2004：145-149.

科学家 Scott 和经济学家 Varian 在利用谷歌趋势数据进行经济预测研究时，通过对比纯时间序列模型和加入谷歌趋势的时间序列模型，发现后者具有更小的预测误差，能够更好地预测 2008 至 2009 年的经济危机，因此指出谷歌趋势数据在此类研究中具有重要价值[1]。

（2）评估共变效度与建构效度

除了预测效度以外，还可以通过相关性评估其效度。其基本思想是如果测量的对象与已知对象在概念上相同或高度相关，那么当测量结果与表征已知对象的数据高度相关时，可以更有信心地认为测量是有效的，根据相关性的类型不同，评估依据可分为共变效度和建构效度。

共变效度。共变效度用于判断新的测量能否取代现有测量[2]，即用网络行为数据测量一个已知变量，如果新的测量结果与已知结果高度相关，如相关系数较大、回归系数显著等，则可以认为它是有效的。共变效度常用于现有测量认可度较高但难度较大的情况，例如大型社会调查。如果研究人员要利用网络行为数据测量与现有指标相同或相似的概念，则可使用共变效度。

共变效度在实证研究中已得到使用。例如，Doyle 通过将 SeeTweet 测算结果与高质量但极其耗时的《北美英语地图集》和哈佛方言调查结果相比较，验证了 SeeTweet 在其方言研究中的质量[3]。孙毅、吕本富等通过回归分析验证了基于搜索数据的网络通胀预期与消费者物价指数的相关性[4]。

建构效度。关于建构效度的概念，上文已有所讨论，此处不再赘述。

4 小结

数据是社会科学量化研究的基础，数据质量则是量化研究成果科学性的重要保障。在信息时代之前，关于数据质量的讨论通常零散地分布在社会科学研究方法的

1 Scott SL, Varian HR. Predicting the Present with Bayesian Structural Time Series[J]. *Social Science Electronic Publishing*, 2012(01): 4-23.

2 袁方. 社会研究方法教程[M]. 北京: 北京大学出版社, 2004: 145-149.

3 Doyle G. Mapping Dialectal Variation By Querying Social Media[A]. Wintner S. Proceedings of the 14th Conference of the European Chapter of the Association for Computational Linguistics[C]. Gothenburg: ACL, 2014: 98-106.

4 孙毅, 吕本富 等. 大数据视角的通胀预期测度与应用研究[J]. 管理世界, 2014(04): 171-172.

相关讨论中。随着信息时代的来临，多数数据被电子化并存入数据库，数据质量逐渐成为信息管理等领域的专项研究问题，而在大数据时代，数据质量问题的关注度正越来越高。

本章回顾了数据质量的定义、维度和评估方法的相关研究，并重点讨论了调查数据和互联网行为数据的质量评估方法。从本章内容可以发现，不同类型数据在质量评估过程中存在一些共通之处，例如不仅要评估数据的完整性、可信度等客观质量，还要评估数据与特定应用场景的相关性。虽然关于数据质量的评估与处理工作很多时候并不会展示在指数研究成果中，但质量问题可能对结果产生重要影响，对于这一问题需要高度重视，不仅要发现质量问题，还需要评估数据质量问题对结果的潜在影响。

第七章　数据处理

在了解数据采集和质量评估的基础知识后，本章将开始讲解对数据的操作。在各类数据质量问题中，指数研究中最常遇到的或许是缺失值问题，本章将介绍如何处理数据中的缺失值。除了数据质量问题外，指数研究中可能还会面临一系列其他需要处理的问题，例如各个指标方向不一致、分布差异较大、量纲不一致等，本章也将介绍如何处理这些常见问题。

为了更加直观地介绍如何处理数据，以及不同的处理方法可能带来的差异，本章将结合一个具体的数据案例来进行说明。案例数据如表 7-1 所示。从第二行开始每一行表示一个样本，例如 S01 表示样本 1，从第二列开始每一列表示一个指标，该指数有两个一级指标 A 和 B，A1.1 表示 A 的二级指标 A1 下的第一个三级指标，以此类推。

表7-1　数据处理案例数据

	A1.1	A1.2	A2.1	A2.2	B1.1	B1.2	B2.1	B2.2
S01	45	0	94	100	69	0.67	0.26	12
S02	8	0.33	0	0	83	0.86	0.62	100
S03	48	0.26	15	6	46	0.41	0.16	17
S04	44	0.94	18	1	4	0.32	0.33	14
S05	68	0.34	54	43	10	0.41	0.78	59
S06	42	0.19	29	31	47	0.51	0.7	100
S07	90	0.88	31	67	74	0.69	0.61	11
S08	43	0.37	70	79	200	0.91	0.68	13
S09	6	0.41	44	41	71	0.74	0.93	77
S10	93	0.18	74	96	26	0.25	0.21	250

仔细观察表 7-1 中的数据可以发现一些问题。首先，可以很直观地发现部分指标似乎分布在 0—1 的区间内，部分指标则大体分布在 0—100 的区间内，但其中又有个别样本超过了 100，这就是量纲不一致的问题，本章将在第三节介绍如何处理这一问题。其次，如果不做图的话，或许不易发现另一个问题，即不同指标的分布有所差异，例如 A1.1 中多数值分布在 50 上下，其最高分为 93，B2.2 则有一半的值得分在 20 以下，其最高分为 250，这一问题将在第四节讨论。

此外，为了更加全面地展示数据处理方法，此处对这一数据做两个假设。第一，多数指标是正向指标，即方向与指数结果的方向一致，这些指标得分越高总体指数表现越好，而 A1.2、B2.2 与其他指标的方向相反，这两个指标的得分越低总体指数的表现越好。第二，S05 的 A2.2 为缺失值。第一节和第二节将分别讨论出现以上两种情况时该如何处理。

1 方向一致化

1.1 问题说明

数据的方向不一致是在实践中经常遇到的一个问题，而提到不一致就说明假定存在一种先验标准判断方向，而这种标准通常是根据研究情境确定的。

以现实生活中常被讨论的身高、体重两个数值为例。在有些情境中，人们可能希望身高越高越好，体重越低越好，此时如果以"好"为判断方向的标准，则身高是一个正向指标，即身高数值上升的同时好的程度也在上升，与之相反，体重是一个负向指标，体重数值上升的同时好的程度会下降。另外一些情境中，理想情况是身高和体重处于某个区间内，此时无论是高于区间上限的得分还是低于区间下限的得分都不如区间内的得分，此时身高和体重属于区间型指标。此外，在有些情况下并不存在一个绝对的区间，而是越接近中间点越好，此时二者就属于居中型指标。

通过以上例子不难发现，指标的方向实际上取决于预先设定的标准，而在指数研究中这种标准是由研究者根据研究目的设定的。例如，企业高管清廉指数和企业高管贪腐指数本质上可以视为同一个指数的不同表达，二者只是方向相反，但其包含的指标可以完全相同。在基于研究目标确定指数的总体方向后，就可以根据这一方向判断每个指标的方向是否与总体方向一致，对于不一致的指标则需要进行方向一致化处理。

1.2 处理思路

数据一致化的操作思路就是将所有指标的方向变得相同，并且与指数的总体方向一致。具体来看，其分为两种不同情况，分别是有边界的指标和无边界的指标。

有边界的指标可以通过与特定取值的距离或位置关系判断方向。一种边界是绝对边界，例如在百分制的考试中，上下边界分别是 100 分和 0 分，再如占比类的指标一定是分布在 0 到 1 之间。另一种边界是人为定义的边界，例如关于人的身高，事实上我们无法确定最低和最高的取值可能是多少，此时可以将已知的最大值和最小值作为上下边界，也可以根据研究情境设定边界。

有边界指标的评判标准本质上是得分与边界的距离，例如考试成绩越高越好实际是指与 100 分的距离越小越好，或者是与 0 分的距离越大越好。如果将 20 至 25 视为 BMI 的正常范围，对于小于 20 的取值，其与 20 的距离越小越好，对于大于 25 的取值，其与 25 的距离越小越好。

对于有边界的指标，方向一致化的基本思路是计算出方向不一致的指标中每个点与适当边界的距离，进而以距离为依据转变指标的方向。假设某个指数中百分制考试的成绩越低越"好"，此时可以计算出每个得分与 100 分的距离，距离越大则得分越低，由此可见距离得分与指数总体方向是一致的。而计算距离最常见的方法就是减法，例如在考试成绩的案例中，用上边界 100 分减去考试成绩即可得到方向一致化后的指标。

对于存在边界的正向指标和负向指标，设上边界为 M，X 表示原始得分，Y 表示方向转化后的得分，方向转化的常用公式如（7-1）所示。此处不难发现，转换后的结果就是原始数值与上边界的距离。

$$Y = M - X \qquad （7\text{-}1）$$

对于区间型指标，区间的上下界也是一种边界，设区间上下边界分别为 m 和 n，X 表示原始得分，Y 表示方向转化后的得分，通常假设区间 $[n, m]$ 内的值没有差异，因此可以将其设为一个常数，此处假设区间内常数为 100，将 X 转化为一个 $[-\infty, 100]$ 的正向指标，计算公式如（7-2）所示。

$$Y = \begin{cases} 100 - (n - X), & if\ X < n \\ 100, & if\ n \leq X \leq m \\ 100 - (X - m), & if\ X > m \end{cases} \qquad （7\text{-}2）$$

可以发现，公式（7-2）中，$n–X$ 以及 $X–m$ 就是在计算原始得分与原始区间边界的距离，然后再通过计算这一距离与新的上边界 100 的距离完成方向转换。采用同样的思想也可以将区间型指标转化为负向指标。不难发现，以上计算方法没有考虑指标取值的上下边界，如果原始指标存在取值范围的上下界限 M 和 N，则 Y 的取值下限不再是 $–\infty$，而是 $100–n+N$ 与 $100–M+m$ 中的较小者。

对于居中型指标，其最重要的边界是中间点，可以通过计算各个得分与中间点的距离将其转化为正向或负向指标，计算方法可以参考公式（7-1）。

但是对于一些指标，其并不存在绝对边界，同时研究者不希望人为设定边界，此时需要处理的就是无边界指标。这种情况下无法通过计算与边界的距离改变指标方向，需要使用更通用的方法，将数据置于单调递减的函数之中。由于在此类函数中 X 取值越高则 Y 得分越低，因此通过此类函数的转化能够改变指标的方向。例如当指标所有取值均大于 0 时，可使用公式（7-3）改变指标的方向。

$$Y = \frac{1}{X} \qquad (7\text{-}3)$$

需要注意的是，通过单调递减函数改变指标方向，虽然不会改变指标间的相对位置，但可能改变指标间的相对距离。例如 3、4、5 三个值是等距的，每两个值之间的距离是 1，1/4 与 1/3、1/5 与 1/4 的距离则分别是 –0.08 和 –0.05，因此在选择函数时要进行充分评估，使方向一致化后的结果更加符合研究需要。

1.3 案例实践

本节我们假设 A1.2 与 B2.2 为方向与其他指标方向不一致的负向指标，以这两个指标为案例展示方向一致化的计算。

首先来看 A1.2，其最大值是 0.94，最小值是 0，由于没有指标的背景信息，无法确定其真实的上下界限，此时一种方法是将其最大值和最小值分别作为上下界限。由于其所有值都分布在 [0，1] 的区间内，而 0 和 1 也是比例型数据最常用的边界，此处在没有背景信息的情况下，也可以将其视为比例型数据，采用 0 和 1 这组常用边界。而且从数值看，采用两种不同方案差异较小，此处采用第二种方案演示。

A1.2 = {0，0.33，0.26，0.94，0.34，0.19，0.88，0.37，0.41，0.18}

对于以 1 和 0 为上下界限的负向指标，可以采用公式（7-1）进行计算，此处令

$M=1$，方向转换后的 A1.2 得分如下。

A1.2（方向一致化后）= {1, 0.67, 0.74, 0.06, 0.66, 0.81, 0.12, 0.63, 0.59, 0.82}

然后来看 B2.2，其最小值为 11，最大值为 250，此处同样无法确定其上下界限。一种方法是将 250 和 11 分别视为其上下边界，还有一种方法是假设其没有边界。如果仔细观察 B2.2 可以发现，其还存在一个问题，即一半值都在 20 以下，但个别值却较大，此时如果结合研究目的确定不希望样本间的差异过大，则使用公式（7-3）或其他单调递减函数更为合适。

$$B2.2 = \{12, 100, 17, 14, 59, 100, 11, 13, 77, 250\}$$

使用公式（7-3）计算后再乘以 10 的结果如下。

B2.2（方向一致化后）= {0.83, 0.10, 0.59, 0.71, 0.17, 0.10, 0.91, 0.77, 0.13, 0.04}

从中不难发现，不仅指标的取值方向发生了变化，而且相对距离也发生了较大变化，例如 11、59、100、250 的距离从转化前的 48、41、150 变为了转化后的 -0.74、-0.07、-0.06，原始数据中 59 到 100、100 到 250 之间的差距明显变小，即原始数据中个别极大值与总体的差距在转化后被缩小。而这与接下来要讨论的数据分布问题密切相关。

2 缺失值处理

2.1 问题说明

缺失值是指数研究中经常遇到的问题，具体表现为部分指标中缺少对部分样本的测量结果。缺失值处理不只是技术问题，在进行实际操作之前，通过考虑以下三个问题不仅有助于指导处理方法的选择，更重要的是有助于加深研究者对缺失值处理结果及其对指数结果影响的理解。

（1）缺失原因。明确缺失原因是理解缺失值的第一步，常见的缺失原因可分为数据不存在和研究者未发现两类。以国别指数为例，如果在一个国际数据库中只有个别国家没有数据，通常可理解为数据不存在，这可能是因为这些国家没有被纳入测量范围，也可能是数据口径不一致导致无法放在一起比较，抑或是因为数据发布滞后导致暂未存入数据库等，这种情况下通常选择使用技术方法处理。当研究者从分散的数据源收集数据时，例如在不同国家的官网查找特定数据，如果发现缺失值，则可以优先考虑数据查找环节是否出现了问题，例如同一数据在不同国家可能由不同部门公布。这种情况可以优先考虑进一步查找数据，而非直接进行技术处理，因为任何技术处理方法都有可能带来误差。

（2）缺失性质。判断缺失性质是缺失值处理的关键，这一步要求研究者判断缺失值的随机程度。理想状态下，我们希望缺失是完全随机的，即缺失值的产生与整个指数的所有指标均不相关，例如因为网络原因导致无法获得某一国家的经济数据。但现实中通常不是这样的，例如经济指标的缺失数据通常具有一定特征，包括体量过小未纳入测量范围、出现特殊情况导致特定年度的数据缺失等，此时缺失值通常不是随机的，其可能表现为在某个指标上得分较小的国家更可能出现缺失值。数据缺失的随机程度会直接影响处理方法的选择，如果选择不当可能导致非常严重的偏误。

（3）缺失影响。可以从研究对象和指标两个角度评估缺失值的影响。从研究对象来看，如果某些研究对象在研究中重要性较低且缺失值较多，则可以优先考虑将其删除，反之，对于重要的研究对象则应采用严谨的缺失值补齐方法，并重点关注缺失值处理对结果的影响。指标的权重越高、缺失值比例越高，对其进行缺失值处理时就要越慎重，防止因缺失值处理不当导致研究结果出现偏误。

2.2 处理思路

在指数研究中，对于缺失值处理，有两种思路，其一是找到尽可能接近真实值的数值代替缺失值，其二是尽可能降低缺失值对结果的影响。前者假设可以通过已知信息去推断缺失值对应的真实值，因此将重点放在如何接近真实值，这也是更为常见的做法。但不可否认的是，任何推断都可能带来误差，因此还要关注缺失值处理本身对研究结果产生的影响，最大程度上减轻这种影响，这也可以作为缺失值处理的思路。这两种思想并不完全冲突，灵活使用两种方法将有助于提升缺失值处理的效果。根据以上两种思路，常用的缺失值处理方法如下。

2.2.1 使用集中趋势指标代替缺失值

当我们只能根据单一指标数据补齐缺失值时，以集中趋势指标代替缺失值是较为常用的方法。

集中趋势（central tendency）是反映概率分布中间值的指标，常用指标包括均值、众数、中位数。使用集中趋势指标代替缺失值的基础假设是，多数个体的取值会分布在群体的集中趋势附近。以符合正态分布的数据为例，图 7-1 表示的是一组均值为 5 的正态分布数据，从图中可以发现其在均值处的取值概率最高。在这种情况下，对于一个随机缺失的指标，如果不考虑其他因素，用均值替代该指标最可能使其接近真实值。

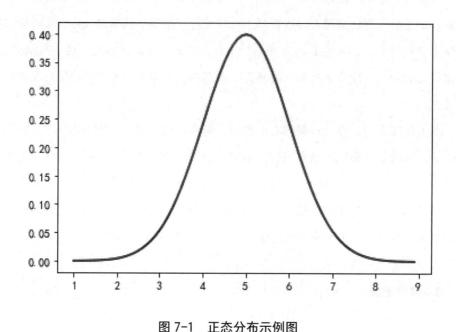

图 7-1　正态分布示例图

不难发现，以上这种理想情况有两个基础假设。（1）数据符合正态分布。正态分布假设带来两个便利，一是其均值、中位数和众数相等，二是其集中趋势值就是概率最大的取值。（2）缺失值是随机的。随机缺失意味着我们不需要考虑其他指标对缺失值的影响，此时采用集中趋势估计缺失值是一种相对合理的方法。

那么如果数据不符合以上两个假设呢？首先来看数据不符合正态分布的情况，以图 7-2 中的数据为例，这是一个模拟的指数分布图，从图中可以发现其均值、中位数、众数并不相同，其概率最大的取值是一个相对偏小的值，此时选择哪一个集中趋势指标更为合适就成为问题。

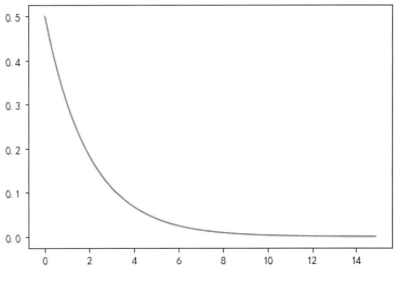

图 7-2　指数分布示例图

如果缺失值分布不是随机的，会产生什么情况？可以假设这样一种情况，以各个国家为研究对象的指数中，指标 A 存在缺失，结合先验知识可以发现指标 A 与国家经济实力相关，而数据缺失的国家都是经济体量较小的国家，因此数据缺失的国家很可能在指标 A 的得分上偏低，此时如果使用集中趋势指标代替缺失值，就会使一个很可能取较小值的缺失值取到了平均水平，进而导致该样本被明显高估，使结果严重偏离真实情况。

由此可见，集中趋势法虽然好理解、易操作，但是对数据具有较高的要求，而且单一指标包含的信息量较少，意味着推测缺失值时产生偏误的可能性较大，因此需要对数据进行评估后才能够决定是否可以使用这种方法。

2.2.2 使用相似样本的取值估计缺失值

为了降低单一指标信息量过少带来的估计误差，可以引入更多指标来缩小估计值的范围，一种常见做法是使用相似样本的取值估计缺失值。

在指数研究中，相似样本有两种常用的判断方法。（1）定性方法。以国别研究指数为例，假设样本 3 在指标 A 上存在缺失，如果有先验知识能够说明样本 3 与样本 7 在指标 A 上的表现最为接近，则使用样本 7 在指标 A 的得分估算样本 3 的得分或最为接近真实情况，此处的先验知识可能是现有文献、专家判断等。（2）定量方法。假设除了指标 A 外，指数中还包括指标 B、C、D，此时可以用这三个指标计算样本 3 与其余所有样本的相关系数，进而找到相关系数最大的样本 8，此时如果假设在其余三个指标上与样本 3 最为接近的样本在指标 A 上也最为接近，则可以使用样本 8 在指标 A 的得分估算样本 3 的得分。

从定量方法来看，相较于使用单一指标的集中趋势估计缺失值，使用相似样本取值估计缺失值的方法以更多信息为基础，不仅纳入了指标 A 的信息，还将其他指标、其他样本的信息全部纳入，在程序上显得更为严谨。但需要指出，纳入更多信息的过程同样可能纳入更多噪声，这种方法也存在一些基础假设。例如，用于计算相关系数的指标具有足够的准确性，不然算出的结果可能有误。再如，此处需要假设其余三个指标与样本 3 最为接近的样本在指标 A 上也最为接近，这一假设也许并不成立，可能样本 8 在指标 A 的表现具有一定独特性，此时使用样本 8 估算样本 3 就可能存在问题。

对于这一问题，可以从以下两个角度来理解。（1）使用相似样本的取值估计缺失值本质上是希望纳入更多信息来提高估算值接近真实值的概率，但并不意味着单次实验中算出来的结果更为精确，其还受到信息质量、特殊情况等因素的影响。（2）任何采用定量方法的估算都必然产生误差，研究者需要考虑如何降低这些误差，例如评估并提升所用数据的质量、将定量结果与先验知识相结合做出综合判断等。

2.2.3 使用相关指标的取值估计缺失值

如第三章所述，因为各个指标都是指数研究对象的组成部分，而同一个研究对象的各个组成部分通常具有一定的相关性。如果数据中存在高度相关的指标，则可以考虑使用相关指标的取值估计缺失值。事实上，这种方法与使用相似样本的取值估计缺失值的原理是相通的。

一方面，可以使用定性方法找出相关指标。例如指数包含 A、B、C、D 四个指标，其中 A 指标的样本 3 缺失，假设结合现有研究或者专家判断可知指标 A 与指标 C 高度相关，此时使用指标 C 中样本 3 的得分估算指标 A 的样本 3，则有可能提高使估算值与真实值差异更小的概率。另一方面，同样可以使用定量方法找出相关指标，即分别计算指标 A 和另外三个指标的相关系数，找到与指标 A 最相关的指标，进而使用相关指标在样本 3 的得分估算指标 A 在样本 3 的得分。使用相关指标估计缺失值与使用相似样本的取值估计缺失值的优缺点是相同的。

此处需要补充的是，当样本量和指标数量较多时，相似样本和相关指标或许不止一个，此时可以使用多元回归分析等方法，首先使用不存在缺失值的数据计算回归方程的截距和回归系数，然后将存在缺失值的样本或指标中已知的数据代入回归方程计算出缺失值。将更多指标和样本纳入计算，在增加信息量的同时也会增加纳入噪声的可能性，需要研究者做出综合判断。

2.2.4 枚举缺失值

以上三种方法都是试图找到尽可能接近真实值的数值代替缺失值，但是无论采用哪种方法，我们都无法确定估算结果是否为真实值，而且有可能因为错误的估计导致结果产生偏误。不仅如此，如果没有找到与缺失值所在样本或指标高度相关的其他样本或指标，则无法使用相似值估算。当我们没有足够的信息使估计值接近真实值时，可以采用另一种指导思想，即最大限度降低缺失值对结果的影响。

当缺失值较少，且缺失值的取值范围较小时，可以考虑通过枚举缺失值评估其不同取值对结果的影响。假设这样一种情况，数据中有且仅有一个指标存在一个缺失值，缺失值的取值范围是 [0，10] 之间的整数，共 11 种取值可能，此时可以考虑使用这 11 个取值分别计算指数结果，如果 11 种结果十分接近，则该指标取任何值都可以。这是一种理想情况，现实中更常出现的情况是结果分为几类，例如当缺失值取 [0，3]、[4，6]、[7，10] 时会得出三种不同的结果，此时可能需要结合现有知识判断哪种情况更接近真实情况，然后以此为基础确定缺失值的取值。当指标为连续值时，例如可能取 [0，100] 区间内的任意整数和小数，则可以定距选取代表性的数值进行实验，例如选 5 或 10 的倍数。

这种方法的优势在于其尽可能多地尝试了潜在取值，使研究者能够非常直观地了解到缺失值的不同取值对结果的影响，进而从结果的角度选择最为合适的取值。但其劣势也十分明显，首先，如果缺失值及其取值过多则需要枚举的数量会飞速增加，例如两个缺失值、每个缺失值有 10 种可能的取值，则枚举数量就有 100 种。但更为重要的，如何评估枚举后的结果是一个难点，当出现多种不同结果时，研究者需要非常强有力的证据论证自己的选择依据，而且有可能被质疑操纵结果，这在极大程度上限制了这种方法的使用。

2.2.5 定性判断缺失值

以上四种方法，无论是估算还是枚举，整体都属于以定量为主的方法，其优势在于有相应的量化程序支撑，在程序上更为科学，但由于以上量化方法都有特定的基础假设，一旦数据不满足假设就可能导致结果有偏，尤其是脱离背景知识的量化估算可能产生偏误较大的结果，因此定量方法并非适用于所有情况。定性方法虽然看上去带有一定主观性，但在特定场景下也能发挥重要作用，其中最常用的方法是专家打分法，具体来看可以采用不同的方法请专家打分。

请专家直接对缺失值赋值。这是最为直接的专家打分法，在数据量较小时，可以请专家浏览数据的整体情况，进而直接给缺失值赋以适当的分值。随着数据量的增加，直接打分需要处理的信息量增大，直接打分的难度也会增大。

请专家对包含缺失值的指标下全部或部分样本进行排序。这种方法与请专家挑选相似样本有相通之处，本质上是通过排序的方式找出与缺失样本相近的样本，但不同的是，通过排序可以发现样本间的前后关系，进而赋给缺失值一个不影响排序的结果。例如指标 A 中样本 3 为缺失值，经专家排序样本 7 比样本 3 高一位，样本 6 比样本 3 低一位，此时可以采用样本 7 和样本 6 得分中间的一个值作为样本 3 的值。

专家打分法的重点和难点在于找到合适的专家，同时要控制打分难度，使专家能够更好地进行评估。为了避免单一专家的偏误，可以邀请多位专家共同打分，通过德尔斐法、层次分析法等方法最终确定缺失值的结果。

2.2.6 删除缺失指标或样本

对于缺失值，任何推断都有可能导致结果有偏，当数据存在缺失值时，直接删除带有缺失值的指标或样本成为一种最为直接的选择。选择这种方法的前提是删除的指标或样本对研究的整体影响较小，例如这些评估对象是可有可无的、指标的权重极小或者可以用其他指标替代等。这种方法的优势是简单直观，且不会因为错误估计缺失值而对结果产生影响。其劣势在于使用限制较多，删除指标或样本可能会影响整个研究，即使如此，从实践的角度看，当出现以下两种情况时还是建议优先评估是否要进行删除处理。

（1）缺失比例较高。以样本为例，对于某一样本，其存在缺失值的指标越多，则对其进行处理越困难。从技术上来看，缺失值补齐的基本原理是通过已知信息去推测未知数据，而缺失的数据越多，则已知信息越少，需要推测的未知数据就越多，这会增加结果产生偏误的可能性。但更重要的是，从缺失性质看，偶然出现的个别缺失值更可能是随机的，而大比例的缺失通常是特定原因产生的结果，此时如果采用以随机缺失为基础假设的缺失值补齐方法，则可能产生严重的偏误。

（2）缺少推断依据。本节介绍的四种定量方法都有一定假设，定性方法则需要以专家知识为依据。但在个别情况下，如果数据不满足以上定量方法的假设，例如样本分布较为特殊，没有相似样本和相关指标，并且枚举结果也十分分散，尤其是当出现非随机缺失时，使用定量方法的基础将十分薄弱。如果找不到合适的专家评估或专家评估分歧较大，则定性方法也可能失效。此时应评估是否必须保留这一样本或指标。

2.3 案例实践

为了展示缺失值估算的方法，此处假设本章案例数据中 A2.2 的 S05 为缺失值，接下来将使用多种方法估算这一缺失值，并将结果与真实值对比。

（1）使用集中趋势指标代替缺失值。A2.2 剩余的 9 个样本的均值和中位数分别是 46.78 和 41。

（2）使用相似样本的取值估计缺失值。在剔除指标 A2.2 后，基于其余 7 个指标计算的样本间相关系数矩阵如表 7-2 所示。

表7-2　剔除指标A2.2后的样本间相关系数矩阵

	S01	S02	S03	S04	S05	S06	S07	S08	S09	S10
S01	1.00									
S02	0.12	1.00								
S03	0.61	0.43	1.00							
S04	0.42	−0.04	0.66	1.00						
S05	0.48	0.24	0.52	0.87	1.00					
S06	0.26	0.85	0.51	0.40	0.70	1.00				
S07	0.65	0.22	0.97	0.71	0.49	0.33	1.00			
S08	0.73	0.48	0.72	0.05	0.03	0.27	0.69	1.00		

（续表）

	S01	S02	S03	S04	S05	S06	S07	S08	S09	S10
S09	0.49	0.89	0.43	0.03	0.39	0.83	0.26	0.61	1.00	
S10	0.09	0.66	0.26	0.45	0.78	0.93	0.11	−0.08	0.65	1.00

从相关系数矩阵可以发现，S05 与 S04 的相关系数最大，达到 0.87，可以考虑使用 S04 估算 S05，此外 S06、S10 与 S05 的相关系数也都超过了 0.7，可以考虑将其也纳入回归方程，以上两种方法的回归方程调整后的 R^2 和估算值如表 7-3 所示。

表7-3　使用相似样本的取值估计S05缺失值的结果

方案	调整后的 R^2	估算值
用 S04 估算	0.71	9.40
用 S04、S06、S10 估算	0.89	20.48

（3）使用相关指标的取值估计缺失值。在剔除 S05 后，基于其余 9 个样本计算的指标间相关系数矩阵如表 7-4 所示。

表7-4　剔除S05后的指标间相关系数矩阵

	A1.1	A1.2	A2.1	A2.2	B1.1	B1.2	B2.1	B2.2
A1.1	1.00							
A1.2	0.17	1.00						
A2.1	0.32	−0.47	1.00					
A2.2	0.53	−0.35	0.93	1.00				
B1.1	−0.20	−0.15	0.30	0.33	1.00			
B1.2	−0.50	−0.07	0.04	0.10	0.81	1.00		
B2.1	−0.50	0.17	−0.17	−0.10	0.45	0.67	1.00	
B2.2	0.24	−0.37	0.15	0.22	−0.31	−0.39	−0.09	1.00

从相关系数矩阵中可以发现，A2.1 与 A2.2 高度相关，相关系数达到 0.93，其余指标与 A2.2 的相关系数均较低，此处仅使用 A2.1 进行估算，结果显示回归方程调整后的 R^2 为 0.85，估算的 A2.2 的 S05 取值为 61.47。

以上几种估算结果与真实值的对比如表 7-5 所示。从表中可以发现，与真实值最接近的估算值是中位数，其次是均值，二者与真实值的差异都较小，说明在这一案例数据中，集中趋势指标的估算效果较好。而其他几种方法，无论是使用相似样本还是相关指标，最终结果的误差均较大，由此可见并非越复杂的方法越准确。但同样地，这个结果也不能说明越简单的方法越准确。

表7-5　采用不同方法估计S05缺失值的结果与真实值对比

方案	取值	方案	取值
真实值	43	用 S04 估算	9.40
均值	46.78	用 S04、S06、S10 估算	20.48
中位数	41	用 A2.1 估算	61.47

对于这一结果，可以从以下几个方面理解。（1）这一案例数据样本量较小，事实上如此小的样本通常是不具有统计意义的，回归分析、相关系数的结果都具有高偶然性，此处仅以此为例展示方法。（2）即使样本量较大，方法的复杂度与单次实验结果的准确性也没有必然联系，还可能受到数据分布等因素的影响。（3）可以考虑使用多种方法估算缺失值，然后综合考虑多种结果进行判断，例如此处五种方法中有两种结果分布在 [40，50] 的区间内，其余结果则比较分散，因此使用 [40，50]区间内的值估计缺失值或更为合适。

以上介绍了处理缺失值的几种思想，在这些思想下还存在其他一些计算方法，例如热卡插补、基于聚类的数据插补等，有兴趣的读者可以进一步扩展阅读。

3　数据无量纲化

3.1 问题说明

从本章样例数据中可以发现，不同指标的取值范围有所不同，有些指标大体分

布在 [0，1] 的区间内，有些指标则多分布在 0 到 100 之间，甚至个别值超过 100，这会导致不同指标间不能直接进行比较和运算。例如如果直接将 A1.1 和 A1.2 相加，则仅仅会对 A1.1 的小数点后的数字产生影响，完全不会改变 A1.1 中样本的排序，甚至对分差的影响也极小，A1.2 不会对结果产生任何影响。

$$A1.1 = \{45，8，48，44，68，42，90，43，6，93\}$$
$$A1.2 = \{0，0.33，0.26，0.94，0.34，0.19，0.88，0.37，0.41，0.18\}$$

数据的量纲和取值范围是由测量者决定的。有些数据的测量是以现存的常用单位作为量纲，例如我国的许多统计指标都会以"元"为基础单位，使用这种单位非常容易理解，但如果将量纲转化为"吨黄金"也可以表达相同的信息，即 GDP 相当于多少吨黄金。有些数据则是由测量者定义量纲，例如 PMI 通常以 50% 为荣枯线，此处 50% 就是人为定义的，将其换成 1、50、100 并将测量结果相应变换并不会影响数据中的信息量。由此可见，量纲能够帮助人们理解数据，但已经形成的量纲并非不可变，例如将 A1.2 中所有的值同时乘以 100 并将其量纲中的单位除以 100，则 A1.2 中包含的信息并没有发生变化。因此，取值范围并不是最关键的问题。

在综合评价类指数中，最关键的问题在于如何合并不同量纲的指标。例如，假设 A1.1 和 A1.2 分别表示不同企业的高管人数和高学历人员占比，即使二者都是分布在 [0，100] 之间，严格地说也无法将二者相加，因为不同量纲的数值之间不可比，相加起来没有现实意义。理想情况下，当所有指标采用同样的工具、同样的标准测量出来时才适合相加，例如所有指标都使用同样的九级量表进行测量。但在实践中，多数情况下综合评价类指数都需要将不同量纲的指标进行合并。

为了解决这一问题，研究者需要对数据做出假设，使不同量纲之间的数值变得可比。例如，可以假设 A1.1 和 A1.2 中最大值和最小值的差距相同，此时可以将两个指标都映射到一个新区间 [n，m]，即令 A1.1 和 A1.2 的最大值为 m、最小值为 n，其余数值进行等比例转化，转化后的数值代表的是其在新区间的相对位置，数值间的差异反映了相对位置的差异，此时两个指标不仅取值区间相同，而且具有了一定的可比性。

以上就是一个典型的无量纲化，即在特定假设下，将原始数据映射到新的区间，使不同量纲的原始数据具有一定可比性。

3.2 处理思路

通过以上讨论可知，无量纲化的核心是对数据的假设，采用不同假设则无量纲化的方法也有所不同。本节将展示几种常用的无量纲化方法及其对应的假设。

（1）假设最大值和最小值的差距相同。虽然每个指标的含义不同，但只要假设其最大值和最小值之间的差距相同，就可以将所有数值转化为反映其在最大值和最小值之间相对位置的无量纲化数据。这种假设下的无量纲化方法常被称为 Max-Min 法，其常用计算公式如 (7-4) 所示，其中 Y 表示无量纲化的结果，Max 表示最大值，Min 表示最小值，下同。

$$Y = \frac{x - Min}{Max - Min} \qquad (7\text{-}4)$$

通过以上公式可以发现，其结果为每个样本与最小值的距离在全距中的占比，这能够表明不同样本得分在总体中的相对位置，其取值范围是 [0, 1]。如果希望改变取值范围，还可以增加两个新的参数 a 和 b 分别代表无量纲化后取值范围的下限和上限。其计算公式如（7-5）所示。

$$Y = a + (b - a) \times \frac{x - Min}{Max - Min} \qquad (7\text{-}5)$$

（2）假设总分含义相同。如果假设每个样本的得分都是总体中的一部分，而不同指标的总分含义相同，则可以通过计算每个样本得分在总分中的占比使不同指标变得可比。其常用计算公式如（7-6）所示，其中 Sum 表示所计算指标下样本的总和，这种计算方法也称为求和归一化。

$$Y = \frac{x}{Sum} \qquad (7\text{-}6)$$

从公式中可以发现，无量纲化后指标的取值上限为 1，而下限是最小值与总分的比值。由于计算的是占比，这种方法通常用于原始分值正负号相同的情况。

（3）假设每个值与最大值或最小值的比值含义相同。这种假设的本质是为每个指标设定了一个标杆，其中最常用的标杆就是最大值和最小值，通过计算与标杆的比值反映每个样本的相对位置，其计算公式如（7-7）和（7-8）所示。

$$Y = \frac{x}{Max} \qquad (7\text{-}7)$$

$$Y = \frac{x}{Min} \qquad (7\text{-}8)$$

如果仅从数值的角度看，当所有样本正负号相同时，与最大值的比值会分布在 [0，1] 的区间内，结果更直观。但标杆的选择更多地要参考现实意义，即需要考量采用不同的标杆含义有何差异、使用哪种标杆计算的结果更具可比性等。

（4）假设每个值与均值的距离含义相同。除了与两端的标杆对比外，如果假设每个值与均值的距离具有相同含义，则可以对比每个值与均值的偏离程度，一种简单的计算方法如公式（7-9）所示，其中 *Mean* 表示均值。

$$Y = \frac{x}{Mean} \qquad (7\text{-}9)$$

由于均值仅包含了集中趋势信息而没有考虑离散趋势，均值相同的指标可能标准差存在巨大差异，为了弥补这一问题，可以使用 Z-score 公式进行标准化，具体计算公式如（7-10）所示，其中 *Std* 表示标准差。其计算结果表示与均值偏离了几个标准差，这种方法在正态分布的数据中使用较多。

$$Y = \frac{x - Mean}{Std} \qquad (7\text{-}10)$$

3.3 案例实践

通过以上讨论可以发现，不同假设下计算的结果含义有所不同，其分值也有所差异，为了使无量纲化后结果可比，如果没有特定依据，在实践中应尽可能保持方法一致性，使用相同方法处理所有指标。此处假设最大值和最小值的差距相同，以 Max-Min 法为例将本章案例数据映射到 [0，1] 的区间内，结果如表 7-6 所示。

表7-6　使用Max-Min进行数据无量纲化的结果

	A1.1	A1.2	A2.1	A2.2	B1.1	B1.2	B2.1	B2.2
S01	0.45	1.00	1.00	1.00	0.33	0.64	0.13	0.91
S02	0.02	0.65	0.00	0.00	0.40	0.92	0.60	0.07
S03	0.48	0.72	0.16	0.06	0.21	0.24	0.00	0.63
S04	0.44	0.00	0.19	0.01	0.00	0.11	0.22	0.78

	A1.1	A1.2	A2.1	A2.2	B1.1	B1.2	B2.1	B2.2
S05	0.71	0.64	0.57	0.43	0.03	0.24	0.81	0.15
S06	0.41	0.80	0.31	0.31	0.22	0.39	0.70	0.07
S07	0.97	0.06	0.33	0.67	0.36	0.67	0.58	1.00
S08	0.43	0.61	0.74	0.79	1.00	1.00	0.68	0.84
S09	0.00	0.56	0.47	0.41	0.34	0.74	1.00	0.10
S10	1.00	0.81	0.79	0.96	0.11	0.00	0.06	0.00

4 数据分布

4.1 问题说明

指数分布可能对结果产生重要影响。简单地说，可以将数据分布理解为数据中不同取值出现的频率，数据分析中常提到的变异性、异常值等问题都与指数分布密切相关。我们通过对比四组不同的数据来说明数据分布，为了更清晰地对比四组数据，我们令它们都包含 9 个样本，每个样本能且只能取 0、5、10、100 四个值之一，集合中按照从小到大排序，而非按照样本序号排序。

$$A = \{0, 0, 5, 5, 5, 5, 5, 10, 10\}$$
$$B = \{0, 0, 0, 0, 0, 0, 5, 10, 100\}$$
$$C = \{5, 5, 5, 5, 5, 5, 5, 5, 5\}$$
$$D = \{0, 0, 0, 5, 5, 5, 10, 10, 10\}$$

首先来看 A 指标，我们发现其只包含 0、5、10 三个取值，并且多数值都等于这三个值的中间值，这种中间多两头少的情况更接近正态分布。指标 B 则是 4 个取值都有，但是绝大多数取值都等于 0，而 5、10、100 都只有一个值，其更接近指数分布。指标 C 则仅包含 5 这一个值，本质上是一个常数。指标 D 则是均匀地分布在 0、5、10 这三个取值上。

数据分布会通过变异性影响结果。可以简单地将变异性理解为不同样本间取值的差异性，常用方差、标准差等指标衡量。首先举一个极端情况，指标 C 为常数，其变异性为 0，不难发现无论 C 与其他任何一个指标相加，都不会改变其他指标的分差和排序。现实中数据的分布通常不会如此极端，但在不考虑权重的情况下，各个指标的变异性会显著影响其对最终结果的贡献，变异性越大的指标对结果的影响越大，需要根据研究目标适当地处理数据。

指数分布还会通过个别样本取值大小的差异影响结果。这种影响最极端的情况就是离群点，我们假设四个指标的样本都能够取 0、5、10、100 四个值之一，但此处仅指标 B 有 1 个样本得到了 100 分，同时 B 中多数样本都是 0 分，此时可以认为这个 100 分是一个离群点。如果不考虑无量纲化和权重直接将四个指标相加，在 B 指标中得 100 分的样本无论在其他三个指标中得分如何，其总分至少为 100 分，而第二名的理论最高分也仅为 35 分。在实际研究中可能会遇到这种离群点，虽然通过无量纲化、赋权等方法能一定程度地减轻这种极端情况的影响，但通常不希望离群点对结果产生过大影响，因此会倾向于在数据处理阶段就开始考虑这一问题。

4.2 处理思路

通过上述讨论可以发现，数据分布会通过总体取值特征和个别样本的取值特征两个方面对结果产生影响，因此其处理思路也可以分为两种，分别是改变总体分布和改变个别样本的取值。

改变总体分布最常用的做法是将原始数据代入特定函数将其转化为新的分布，通过图 7-3 能够清晰地看出这一过程。图（1）是随机生成的包含 2000 个样本的指数分布，从中可以明显地看出其多数值集中在 [0，1] 的区间内，但个别值极大，取到了 10 附近。如果将这组数据代入自然对数函数则会转变为如图（2）所示的分布，可以发现其变为了多数值集中在中间偏上的位置的分布。如果将这组数据代入平方根函数则会转变为如图（3）所示的分布，虽然多数值仍然较小，但是已经不是图（1）中的值越小频次越大，多数值集中在中间偏下的位置，而且最大值与最小值之间的全距也明显缩小。如果先取对数再开方则结果如图（4）所示，转化后的结果十分接近正态分布，多数值分布在均值附近，而且全距进一步缩小。

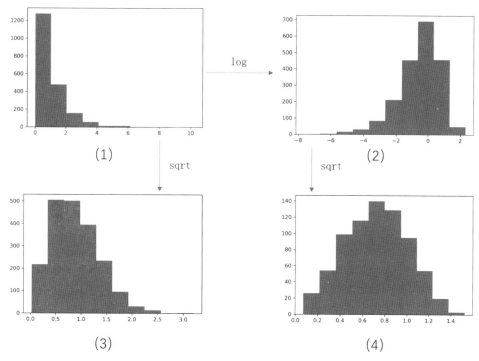

图 7-3　通过函数改变总体分布的示例

以上示例的 Python 代码如下。

```
# 导入所需模块
import numpy as np
import matplotlib.pyplot as plt
# 设置随机数种子
np.random.seed(10071)
# 随机生成指数分布的数据并作图
data = np.random.exponential(1, 2000)
plt.hist(data)
# 将原始数据代入自然对数函数并作图
data_log = np.log(data)
plt.hist(data_log)
# 将原始数据代入平方根函数并作图
```

```
data_sqrt = np.sqrt(data)
plt.hist(data_sqrt)
# 将经过自然对数函数转化后的数据代入平方根函数并作图
data_log_sqrt = np.sqrt(data_log)
plt.hist(data_log_sqrt)
```

以上通过一个实例说明了如何将数据代入不同函数转变其分布，在实际应用中对数函数、平方函数、平方根函数、指数函数等函数较为常用，但这些函数并非随意使用，研究者应该在了解常用函数基本原理的基础上，结合原始数据分布以及研究需要选择合适的函数对数据进行处理。

改变个别样本取值的方法通常用于处理数据中的离群点，对于此类数值，有两种常用处理方法，一是将其转变为特定数值，二是将其视为缺失值。以 4.1 节的指标 B 为例，其多数值分布在 [0，10] 的区间内，但有一个极大值 100，此时如果不希望改变整体数据分布则可以选择仅处理 100 这个取值。首先可以考虑将 100 变为特定值，例如可以将大于 X 的值均转化为 X，即为指标设定了一个上限，将超过上限的值视为等于上限，此处的 X 需要根据研究目标、指标含义等方面进行经验判断。除了设定上限以外，研究者可以将指标中的原始值的多个值转变为特定值，例如将 10 转变为 20，100 转变为 30，但这一过程一定要有依据。如果不希望通过经验判断改变数值，则可以考虑第二种方法，即将离群点视为缺失值，然后使用缺失值处理的方法对其进行处理。

4.3 实践案例

本节将结合本章所用的案例数据来展示对于数据分布问题的处理。对于数据分布，最直观的分析方法之一就是作图，对于一维数据，直方图是常用的类型。图 7-4 是本章示例数据中 8 个指标的直方图。从图中可以发现，这 8 个指标中有 5 个都呈现出 U 型，即中间少两边多，除此之外，A1.1 更接近中间多两边少的正态分布，A1.2 的分布相对均匀，B1.1 则更接近得分与频次负相关的指数分布。

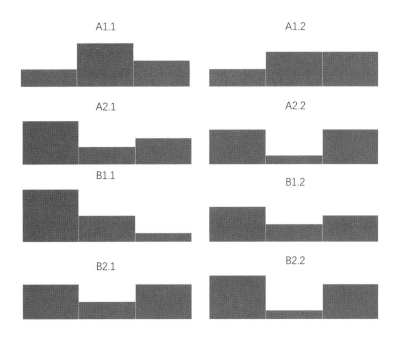

图 7-4　样例数据各指标的直方图

因为样本量较小，通过直方图仅能大体了解数据分布情况。为了更加精确地了解分布对结果的潜在影响，此处首先计算了无量纲化后各个指标的标准差，如表 7-7 所示。总体来看，各个指标的标准差比较接近，其变异性对结果的影响较小。

表 7-7　样例数据的标准差

指标	标准差	指标	标准差
A1.1	0.32	B1.1	0.27
A1.2	0.30	B1.2	0.33
A2.1	0.30	B2.1	0.33
A2.2	0.36	B2.2	0.39

关于个别样本对结果的影响，通常基于标准差、峰度、偏度等指标检验数据中是否存在异常值。此处我们首先通过计算 Z-score 来识别异常值。Z-score 是样本得分减去均值后再除以标准差的得分，它能够反映样本与均值的距离，如公式（7-11）。无量纲化后各指标最大值的 Z-score 如表 7-8 所示。

$$\text{Z-score} = \frac{\text{原始值} - \text{均值}}{\text{标准差}} \qquad (7\text{-}11)$$

表7–8　各指标最大值的Z-score

指标	Z-score	指标	Z-score
A1.1	1.60	B1.1	2.61
A1.2	1.38	B1.2	1.53
A2.1	1.81	B2.1	1.59
A2.2	1.49	B2.2	1.40

从表7-8中可以发现，多数指标最大值的Z-score都在1.5上下，比较接近，但B1.1却达到了2.61，远超其他指标。通过观察B1.1可以发现，其第8个样本得分达到了200，但它的均值仅为63，因此从数值的角度，可以认为其是潜在的异常值。

$$\text{B1.1} = \{69, 83, 46, 4, 10, 47, 74, 200, 71, 26\}$$

此外，本章开始提到过B2.2有一半的值得分在20以下，但其最高分为250，似乎B2.2也应该包含离群点，但为何此处B2.2最大值的Z-score反而相对较低？我们再来看B2.2，它虽然多数值都较小，但存在两个100和一个250，这不仅提高了均值还提高了标准差，结合Z-score的公式不难发现，这会导致其Z-score得分下降。

$$\text{B2.2} = \{12, 100, 17, 14, 59, 100, 11, 13, 77, 250\}$$

对于这一问题，可以计算各个指标的峰度、偏度等不依靠标准差的指标，或者使用中位数代替均值计算，具体方法此处不再赘述，有兴趣的读者可参考相关文献[1]进一步阅读。

此处需要指出的是，量化方法只是判断是否存在异常值的辅助手段，更多情况下需要根据研究情境进行判断。此处虽然从表面来看，B1.1和B2.2中存在离群点，但其是否异常则尚未可知。如果这些极大值的确水平远超其他样本，即现有测量结果反映了真实水平，则可能属于正常现象。

在现实中经常出现前几名远高于平均水平的情况，例如在本节写作时，哔哩哔

1　苏为华 等.综合评价基本原理与前沿问题[M].北京：科学出版社，2021：58-72.

哩粉丝量排名第一为 4063 万，第二为 2539 万，第一百名就仅为 378 万，此时第一名数据是否为异常值则要根据研究情境判断。此处，从数值上看，非常关键的问题在于数值间的等距性，假设粉丝量是定距指标，如果 2000 万粉丝与 200 万粉丝的距离（1800 万）是 200 万粉丝与 100 万粉丝距离（100 万）的 18 倍，则说明其符合等距性，这种情况很可能是正常而非异常。从指标含义上看，核心问题是单个指标的差异与总体指数差异的关系，如果对于总体指数而言，2000 万粉丝量的作用是 100 万粉丝量作用的 20 倍，则此处可以将其视为正常值，但如果对于总体指数而言，二者的差距远没有那么大，则可以将其作为异常值处理。

5 小结

从本章开始，进入数据操作部分。对于量化研究经验较少的研究者而言，这一部分充满了陷阱，任何一处操作不当都可能对结果产生重要影响。例如，在缺失值处理中，如果一律使用均值代替缺失值，可能会导致因得分过低而产生缺失值的样本得到一个远高于其自身水平的分数，进而使其在最终结果中的排名远高于实际情况。

为了避免掉入这些陷阱，首先需要了解常用的数据处理方法，例如每种方法的核心思想是什么、有什么优缺点、分别适用于哪些场景等，本章基于一个案例数据讨论了以上问题。最后需要指出的是，对于数据处理，并没有绝对通用的标准方法，也不是越复杂的方法越有效，研究者需要根据数据表面特征及其背后蕴含的知识并结合各种方法的特征选择合适的方法进行数据处理。

第八章　指数赋权

经过第七章的数据处理，各个指标已经变得可比较、可合并，而在将各个指标合并为一个指数之前，还需要回答一个问题，即不同指标对于指数的贡献有何差异。这就是指数合成过程中不同指标的权重问题，本章将结合表8-1中的案例数据介绍指数赋权过程中常见的几种指导思想以及相应的计算方法。

表8-1　指数赋权案例数据

	A1.1	A1.2	A2.1	A2.2	B1.1	B1.2	B2.1	B2.2
S01	0.45	1.00	1.00	1.00	0.33	0.64	0.13	0.91
S02	0.02	0.65	0.00	0.00	0.40	0.92	0.60	0.07
S03	0.48	0.72	0.16	0.06	0.21	0.24	0.00	0.63
S04	0.44	0.00	0.19	0.01	0.00	0.11	0.22	0.78
S05	0.71	0.64	0.57	0.43	0.03	0.24	0.81	0.15
S06	0.41	0.80	0.31	0.31	0.22	0.39	0.70	0.07
S07	0.97	0.06	0.33	0.67	0.36	0.67	0.58	1.00
S08	0.43	0.61	0.74	0.79	1.00	1.00	0.68	0.84
S09	0.00	0.56	0.47	0.41	0.34	0.74	1.00	0.10
S10	1.00	0.81	0.79	0.96	0.11	0.00	0.06	0.00

注：本章的样例数据为第七章数据处理后的结果（同表7-6），此处展示的是保留两位小数后的结果。为保持连贯，本章实际运算使用的是未四舍五入的原始数据。

1 等权

1.1 赋权理念

等权是最简单的指数赋权方法，其基本思想是不考虑指标间的权重差异，将处理后的各个指标直接合成为综合指数。

直观来看，等权法最大的优势在于易理解、易操作，但是正由于其过于简单，常常被认为不够科学。事实上，在指数构建的过程中，等权法是一种常用的方法，其最常见的用途是作为其他赋权方法的基线。通过将其他赋权方法得到的结果与等权法得到的基线对比，能够有效识别出赋权过程本身对结果产生的影响。这反映出等权法的另一个优势，即减少赋权行为本身对结果产生的影响，最大限度地体现数据原本的差异。由此可见，在以下几种场景中，等权法具有较强的适用性。

场景 1：指标体系经过严格设计，并在其中已经考虑了权重的问题。在等权法中，最底层指标的数量代表了权重。例如在表 8-1 中，如果指标 A1.1 和 A1.2 是对同一概念的测量，而其他指标分别测量了不同的概念，则前两个指标所测量概念的权重在等权法中实际上是其他概念的两倍。因此，只有在指标体系符合独立性原则时，即每个指标测量不同的概念时，各个概念之间的权重才是相等的。反之，如果指标体系不符合独立性原则，则等权法的权重体现在指标体系中。由此可见，如果在构建指标体系的过程中经过了严格设计，各指标间的重要性没有显著差异，或者已通过指标数量体现了不同概念的重要性，则可以考虑使用等权法赋权。

场景 2：处理后的数据具有较好的等距性。在完成数据处理后，通常可以假设各个指标内部是等距的，例如 A1.1 中从 0.1 到 0.2 的差距以及从 0.7 到 0.8 的差距是相等的。理想情况下，我们希望不同指标间也具有等距性，即所有指标从 0.1 到 0.2 的差距都是相等的，当采用同一种方法测量所有指标时，例如采用科学的七级量表测量所有指标时，通常可以假设其具有等距性。此时采用等权法，就是对等距指标进行累加，类似将考试中不同科目的成绩求和算总分。如果同时满足场景 1 和场景 2，则等权法更为适用。

场景 3：常见的主客观赋权法都不易执行时。在一些情况下，常用的主客观赋权法可能无法执行。例如，当使用主观赋权法时可能遇到无法找到领域专家、专家意见高度不一致、被质疑暗箱操作等问题，当使用客观赋权法时则可能遇到数据质量较差、维度灾难等问题，下文将详细讨论以上问题。如果其他赋权法都同时受到制约难以实现，则等权法可作为备用方案。但需要注意的是，如果在指标体系设计时没有考虑等权法，则需要重新考量指标体系的独立性和科学性。

1.2 计算方法

等权法的计算极为简单，将所有指标得分直接合成即可，本章案例中将统一使用加法合成法，其他方法将在第九章介绍。样例数据使用等权法合成后的总分和排名如表8-2所示。

表8-2　等权法合成结果

样本	总分	排名	样本	总分	排名
S01	0.68	2	S06	0.40	7
S02	0.33	8	S07	0.58	3
S03	0.31	9	S08	0.76	1
S04	0.22	10	S09	0.45	5
S05	0.45	6	S10	0.47	4

2 基于指标含义赋权

2.1 赋权理念

基于指标含义赋权的核心思想是，从概念内涵来看，如果一个指标在同级指标中的相对重要性更高，则其应该被赋予更高的权重。因此，基于指标含义赋权的重点在于从概念上判断各个指标的相对重要性，而在实践中通常基于专家的主观判断确定指标含义的重要性，因此这种方法也被称为主观赋权法。

主观赋权法的优势十分明显，由于在确定权重的过程中融入了专家知识，常常被认为更好地实现了专家知识与客观数据的有机结合，其结果通常更易于被接受，因此在实践中主观赋权法的应用十分广泛，甚至常常成为综合评价类指数赋权的首选方法。但需要指出的是，主观赋权法也存在一定局限性。首先，顾名思义，专家打分具有较高的主观性，不同专家的打分结果可能相去甚远，甚至同一个专家的打分都可能出现前后不一致或不符合逻辑的情况，这会对赋权结果的科学性和稳健性产生显著影响。其次，主观赋权法忽略了数据特征，其隐含假设是各个指标包含的信息量差异较小，不足以影响结果，但在实践中这一假设常常无法满足，尤其是当使用多源数据构建指数时，不同指标的数据类型、分布、质量可能存在巨大差异，进而对结果产生重要影响。

由此可见，当满足以下两个条件时，主观赋权法更为适用。

第一，指标间的相对重要性易于评估。首先，指标体系越简单则越容易评估。主观赋权法需要专家对每个指标在整个指标体系中的相对重要性进行打分，因此指标越多则评估难度越大，越容易出现前后标准不一致等问题。其次，指标对应的概念越清晰则越容易评估。对于概念不清晰的指标，不同专家可能因为理解不同而给出差异较大的分值。总体来看，指数研究的问题越传统、经典，则相关研究越成熟、争议越小，专家评估结果的一致性和稳定性越强，因此也越适合使用主观赋权法。

第二，指标的数据特征比较接近。如上文所述，主观赋权法通常仅基于概念的相对重要性打分，但数据特征也可能对指标的重要性产生显著影响。例如，从数据类型来看，有些指标虽然概念上十分重要，但由于测量难度较大，仅得到了"0—1"分布的定类数据，此时低分样本和高分样本间的差异因为测量工具的精度较低而被扩大，例如 0.3 和 0.7 的差异可能被扩大到了 0 和 1。此时如果其权重过大，结果将进一步偏向高分样本，进而导致结果更加偏离现实。与之类似，如果数据的分布较为极端、数据质量较差，若赋以其较大的权重，也可能导致结果偏离现实。由此可见，如果使用主观赋权法，需要在数据处理环节更为谨慎，尽可能减少不同指标在数据特征上的差异。

2.2 计算方法

在操作层面，主观赋权法依靠专家打分，直接打分法和层次分析法是最常用的专家打分方法。

2.2.1 直接打分法

当指标较少时，可以邀请专家直接对各个指标的重要性进行打分，例如表 8-3 中是 5 位专家分别对 8 个三级指标按照重要性高低在 0 至 10 分的范围内打分的结果。

表8-3　专家打分示例

	A1.1	A1.2	A2.1	A2.2	B1.1	B1.2	B2.1	B2.2
专家1	8	6	7	8	7	7	6	6
专家2	8	0	4	10	6	7	2	3
专家3	6	4	2	7	5	5	4	4
专家4	7	5	4	7	6	7	5	6
专家5	1	5	3	2	1	4	8	7

对于这一结果，最简单的处理方法如下：

（1）计算每个指标的平均得分（平均分），例如A1.1的平均得分为（8+8+6+7+1）/5=6。

（2）将每个指标的平均得分求和（平均分之和），表中8个指标的平均得分之和为42。

（3）计算每个指标的平均分与平均分之和的比值，得到其权重，例如A1.1的权重为0.14（6/42）。

基于以上权重得出的结果如表8-4所示。

表8-4　使用直接打分法的指数结果

样本	总分	排名	样本	总分	排名
S01	0.68	2	S06	0.39	7
S02	0.32	8	S07	0.62	3
S03	0.30	9	S08	0.76	1
S04	0.22	10	S09	0.44	5
S05	0.44	6	S10	0.47	4

但是如果仔细观察表8-3，可以发现如下问题：（1）不同专家的打分风格不同。例如专家1打分差异较小，分布在6至8分之间，专家2打分则分布在0至10分之间，此时专家2的打分对最终结果的影响比专家1更大。（2）不同专家打分结果不同。例如专家5在A1.1、A2.2等多个指标上的打分与其他几位专家相反。

在实践中，如果以上问题比较严重，可以参考第七章的数据处理技术对打分结果进行处理，例如通过无量纲化方法将打分映射到同一区间减少打分风格差异问题，将与总体明显不同的打分视为异常值剔除等。此外，五位专家的权威性或许也有不同，因此也可以对不同专家的打分进行加权。

本小节的例子采用的是自下而上的赋权方法，即直接对三级指标的重要性进行打分并计算权重。在实践中，也可以采用自上而下的赋权方法，即首先比较一级指标的重要性确定其权重，然后计算每个一级指标下的二级指标的权重，最终计算三级指标的权重，各级指标权重的计算方法与以上案例一致。自上而下的赋权方法相对而言更为复杂，更适用于三级指标相对较多的情况，通过分层打分降低专家打分的难度。

2.2.2 两两对比法

直接打分法虽然简单易行，但是也存在局限性。一方面，随着指标的增多，直接打分的难度也将加大，不仅如此，直接打分法中的不一致问题难以被发现。因此，在指标体系相对复杂时，通常在专家打分环节对指标的重要性进行两两对比，然后通过量化方法计算权重并验证打分的一致性。

只有当存在三个以上的指标时才会出现不一致问题，例如专家认为 A 比 B 重要两倍，B 比 C 重要两倍，但 A 和 C 同等重要。为了更好地展示一致性的验证方法，本例中不考虑二级指标 A1 和 A2，直接计算 A1.1、A1.2、A2.1、A2.2 4 个三级指标在构建一级指标 A 时的权重。在打分、权重计算和一致性验证方法上，此处采用常用的层次分析法。具体步骤如下。

第一步，请专家对指标的两两相对重要性进行打分，通常采用表 8-5 中的打分规则。

表 8-5　层次分析法打分规则示例

分值	含义
1	两个指标同等重要
3	前者比后者稍重要
5	前者比后者明显重要

（续表）

分值	含义
7	前者比后者强烈重要
9	前者比后者极端重要
2，4，6，8	表示上述相邻分值的中间值
倒数	若指标 i 比指标 j 的重要性为整数 a_{ij}， 则 j 比 i 的重要性 $a_{ji}=1/a_{ij}$

打分通常采用问卷法，在问卷设计上，可以将每对指标设计成一个问题，也可以将所有指标的对比集中在如表 8-6 的表格中。

在本例中，打分的结果如表 8-6 所示。

表 8-6　层次分析法打分结果示例

	A1.1	A1.2	A2.1	A2.2
A1.1	1	1/3	1/5	2
A1.2	2	1	1/3	4
A2.1	4	2	1	6
A2.2	1	1/3	1/5	1

第二步，检验一致性。层次分析法中检验一致性的步骤如下。

（1）将表中的数值视为矩阵，基于矩阵的最大特征值和维度计算一致性指标 CI。CI 的计算公式如（8-1）所示。在本例中矩阵的最大特征值是 4.14（保留两位小数），指标数量是 4，因此 CI 值约等于（4.14–4）/（4–1），结果为 0.05（保留两位小数）。

$$CI = \frac{最大特征值 - 指标数量}{指标数量 - 1} \qquad (8-1)$$

（2）通过查表获得随机一致性指标 RI，常用的 RI 表如表 8-7 所示。表中 N 表示指标的数量，本例中有 4 个指标，所以 $RI=0.90$。

表8-7　常用RI表

N	3	4	5	6	7	8	9	10
RI	0.58	0.90	1.12	1.24	1.32	1.41	1.45	1.49

（3）计算一致性比例 CR。计算公式如（8-2）所示，本例中一致性比例约为 0.06（0.05/0.90）。通常，当 CR 值小于 0.1 时，可以认为结果的不一致性在可接受的范围内，通过一致性检验。由此可见，案例中的数据通过了一致性检验。

$$CR = \frac{CI}{RI} \qquad (8\text{-}2)$$

第三步，计算权重。对于通过一致性检验的数据，可以使用算数平均法、几何平均法、特征向量法等方法计算权重。此处以算数平均法为例介绍计算过程。

（1）采用第七章的求和归一化法对每一列进行归一化，即先对表 8-6 中的每一列求和，然后将每个值除以所在列的和。

（2）计算归一化后各行的均值，得到 A1.1、A1.2、A2.1、A2.2 的权重分别为 0.12、0.26、0.52、0.1。

至此，我们得到了一级指标 A 下 4 个三级指标的权重，采用同样的方法，也可以得到其余指标的权重。在实际使用中，通常是逐层计算各级指标的权重，最后将各级指标的权重相乘得到最底层指标的权重。在本例中，假设不存在二级指标 A1 和 A2，若一级指标 A 的权重为 0.6，则 A1.1 的最终权重是 0.072（0.6×0.12）。

基于层次分析法的指数结果如表 8-8 所示。

表8-8　基于层次分析法的指数结果

样本	总分	排名	样本	总分	排名
S1	0.74	1	S6	0.44	7
S2	0.31	8	S7	0.49	6
S3	0.29	9	S8	0.73	2
S4	0.21	10	S9	0.52	4
S5	0.53	3	S10	0.52	5

除了以上两种方法外，为了解决专家打分过程中的特定问题，提高打分效果，研究者们也开发出一系列的其他方法，例如唯一参照物法、序关系分析法、集值迭代法，有兴趣的读者可进行扩展阅读。

3 基于指标取值赋权

3.1 赋权理念

如上文所述，主观赋权法的一个重要局限在于忽略了数据特征，在实践中常常可以发现，由于测量方法、数据含义、处理技术等方面的差异，数据在类型、分布、质量方面可能存在巨大差异，进而对结果产生重要影响，尤其是当使用多源数据构建指数时，这种影响尤为明显。例如，传统调查数据通常假设服从正态分布、数据质量可控，而来源于互联网的大数据则常服从幂律分布、数据质量难以控制。例如大数据指标中排名前 10% 的样本得分可能占据了数据总量的 90%，如果仅考虑指标含义，数据的极度不平衡可能导致结果偏向大数据指标。再如，有些指标虽然概念上比较重要，但测量结果的数据质量较低，例如多数样本得分相同或相近会导致结果没有区分度，缺失值较多可能导致结果不稳健等。不仅如此，主观赋权在有些情况下并不适用，例如不希望人为因素过多干预结果、无法找到合适的专家打分等。

基于指标取值赋权，通常称为客观赋权法，作为与主观赋权法互补的方法，能够在一定程度上解决以上问题。客观赋权法的核心思想是，从各个指标的测量结果出发，根据研究需要提取数据特征，然后基于数据特征对指标赋权。

从以上论述中，不难发现，客观赋权法的优势在于在程序上更为客观，在减少人为因素影响的同时考虑了数据本身对结果的影响。但这同时也体现出其不足，完全基于数据特征计算权重，对数据质量、处理技术等方面提出了更高的要求，并且由于没有加入专家知识，其结果有可能偏离一般认知，因此该方法通常用于数据质量可评估且指标间概念重要性差异不明显的场景中。

根据研究目的不同，客观赋权法在提取数据特征上采用不同的方法，常用的特征包括指标自身特征、结果的离散性、与理想系统的距离等，接下来将分别介绍以上三种不同的客观赋权方法。

3.1.1 基于指标自身特征赋权

基于指标自身特征赋权的核心概念是信息量，即指标能够反映出多少有用信息。以 A、B、C 三个指标为例，集合中表示 7 个样本的取值，从中可以看出，B 指标仅能反映出样本的得分为 5，完全无法体现出不同样本之间的差异，而 A 指标则不仅表示了各个样本的得分，还更加清晰地反映出不同样本之间的差异，有助于对样本进行比较，因此可以认为 A 比 B 具有更大的信息量。而在加入了 C 之后，由于 A 和 C 测量结果完全相同，从数值的角度看，其反映的样本间的差异信息有一定重复，因此每个指标包含的信息量有所下降。常用的评估信息量的指标包括方差、信息熵、相关系数等。

$$A = \{1, 2, 3, 4, 5, 6, 7\}$$
$$B = \{5, 5, 5, 5, 5, 5, 5\}$$
$$C = \{1, 2, 3, 4, 5, 6, 7\}$$

基于指标自身特征赋权的基本思想是，一个指标包含的信息量越大，则越有助于反映样本的差异，所以应该赋予其更高的权重。除了常用的信息量指标外，在实践中，通常还会考虑数据质量因素，例如指标的原始数据中存在较多缺失值，虽然后续进行了补齐，但其质量可能仍然较低，所以可以适当降低其权重。相对接下来将介绍的两种客观赋权法，该方法具有更广的应用场景，常用的计算方法包括变异系数法、熵值法、CRITIC、主成分分析等，3.2 节将使用案例数据介绍如何使用 CRITIC 法赋权。

3.1.2 基于结果离散性赋权

基于结果离散性赋权的核心概念是差距，即希望最终结果中各样本间的得分差距尽可能地大。由此可以发现，基于结果离散性赋权与基于指标自身特征赋权具有一定共性，就是都希望使差异较大的指标得到更大的权重，进而使结果体现出更大的信息量。但两者在操作上有所不同，基于指标自身特征赋权首先评估各个指标的信息量，然后以此为依据赋权，而基于结果离散性赋权则是将权重作为一组整体，直接计算加权后的结果，并找到使结果离散性最大的一组权重。

基于结果离散性赋权的优势在于更加系统、综合地突出了评价对象的差异。该方法在绩效评估等需要更加清晰地测量出样本差异的场景中有较多应用，尤其是当原始数据测量尺度较为统一、样本间得分差异不大时，该方法能够更好地突出样本间的差异。但也正因为该方法的结果导向过强，因此可能出现权重含义难以解释等问题，这限制了该方法的应用广度。

计算方法上，基于结果离散性赋权通常基于矩阵运算求解。以拉开档次法为例[1]，首先将所有权重设置为一组未知数，这些未知数有两个限定：（1）所有未知数大于 0；（2）所有未知数和为 1。在这两个限定下，将未知数作为向量与指标得分矩阵相乘，然后通常以方差作为结果离散性的评估指标，通过计算特征向量求得使结果离散性最大的一组权重。

3.1.3 基于与理想系统的距离赋权

基于与理想系统的距离赋权的核心概念是理想系统，即存在一套标准，明确规定指标体系中的各个指标分别取特定值时整个系统是最优的。因此该方法的基本思想是，首先定义一个理想系统，希望找到一组权重，使加权后的结果与理想系统的距离最小。

相对于其他客观赋权法，基于与理想系统的距离赋权最大的优势在于在保持了客观性的同时保证了结果的可解释性，同时也更接近于现实。其局限性也十分明显，就是必须能够明确定义出一套理想系统，但在实践中，理想系统通常是难以定义的，因此该方法的应用场景十分有限。

在计算方法上，基于与理想系统的距离赋权与基于结果离散性赋权有相通之处，都是首先将所有权重设置为一组大于 0 且和为 1 的未知数，然后将未知数向量与指标得分矩阵相乘并计算与理想系统的距离，最后使用规划方法求得在限定条件下的使结果与理想系统距离最小的解。

3.2 计算方法

本节以 CRITIC 法为例介绍基于指标取值赋权的方法。CRITIC 是一种经典的客观赋权法，它通过两个维度评估指标的信息量，即对比度和矛盾度。对比度可以用标准差测量，反映每个指标自身的信息量，一个指标的标准差越大，则信息量越大，权重越高。矛盾度则基于相关系数计算，一个指标与其他指标的相关系数越大，

---

1 郭亚军. 综合评价理论、方法及拓展(第2版)[M]. 北京: 科学出版社，2012: 84-95.

则信息量越小，权重越低。其计算过程如下。

（1）计算每个指标的标准差，得到各个指标的对比度。样例数据的对比度如表8-9所示。

表8-9 样例数据各指标的标准差

	A1.1	A1.2	A2.1	A2.2	B1.1	B1.2	B2.1	B2.2
对比度	0.33	0.32	0.32	0.38	0.28	0.35	0.35	0.41

（2）计算相关系数矩阵。样例数据的皮尔森相关系数矩阵如表8-10所示。

表8-10 样例数据的相关系数矩阵

	A1.1	A1.2	A2.1	A2.2	B1.1	B1.2	B2.1	B2.2
A1.1	1.00	−0.15	0.34	0.51	−0.26	−0.53	−0.38	0.23
A1.2	−0.15	1.00	0.47	0.35	0.12	0.05	−0.14	−0.40
A2.1	0.34	0.47	1.00	0.92	0.23	0.01	−0.12	0.17
A2.2	0.51	0.35	0.92	1.00	0.32	0.10	−0.11	0.22
B1.1	−0.26	0.12	0.23	0.32	1.00	0.83	0.29	0.33
B1.2	−0.53	0.05	0.01	0.10	0.83	1.00	0.53	0.21
B2.1	−0.38	−0.14	−0.12	−0.11	0.29	0.53	1.00	−0.33
B2.2	0.23	−0.40	0.17	0.22	0.33	0.21	−0.33	1.00

（3）根据公式（8-3）计算每个指标的矛盾度。公式中 r_i 表示所计算指标与指标 i 的相关系数，因为有8个指标，所以 i 的范围为 $[1, 8]$。这个公式也可以理解为，用指标数量减去一个指标与其自身在内的所有指标相关系数的和。

$$矛盾度 = \Sigma_{i=1}^{8} \left(1 - r_i\right) \quad (8-3)$$

样例数据的矛盾度如表8-11所示。

表8-11 样例数据的矛盾度

	A1.1	A1.2	A2.1	A2.2	B1.1	B1.2	B2.1	B2.2
矛盾度	7.25	6.70	4.97	4.69	5.14	5.81	7.26	6.57

（4）使用对比度乘以矛盾度得到每个指标的信息量。样例数据的信息量如表8-12所示，例如，表中 A1.1 的信息量等于对比度 0.33 乘以矛盾度 7.25。

表8-12　样例数据的信息量

	A1.1	A1.2	A2.1	A2.2	B1.1	B1.2	B2.1	B2.2
信息量	2.43	2.13	1.58	1.78	1.45	2.02	2.51	2.69

（5）采用求和归一化法对信息量进行归一化，得到各个指标的权重，如表8-13所示。

表8-13　基于CRITIC法的样例数据权重

	A1.1	A1.2	A2.1	A2.2	B1.1	B1.2	B2.1	B2.2
权重	0.15	0.13	0.10	0.11	0.09	0.12	0.15	0.16

使用 CRITIC 法赋权的结果如表8-14所示。

表8-14　基于CRITIC法的指数权重

样本	总分	排名	样本	总分	排名
S01	0.67	2	S06	0.41	7
S02	0.34	8	S07	0.62	3
S03	0.34	9	S08	0.74	1
S04	0.26	10	S09	0.45	5
S05	0.47	4	S10	0.45	6

4　其他赋权思想

以上介绍了三种常用的赋权方法，无论哪种方法，都有比较明显的优势和局限，主观赋权法和客观赋权法还存在一定的互补性。那么是否存在一些方法能够综合以上方法的优势呢？本节将介绍两种赋权思想，它们的相通之处在于都结合了不同赋权方法的思想，以求提高赋权的效果。

4.1 基于部分结果反推权重

如上文所述，主观赋权法的本质是基于专家知识形成对指标相对重要性的判断，但如果忽略数值特征，可能导致结果有偏。而基于部分结果反推权重（以下称"反推赋权法"）则改变了引入专家知识的角度，并非通过专家知识评估指标的相对重要性，而是直接对部分样本的得分或排序进行评估，首先明确指数的部分评估结果，然后再用数据去拟合结果，算出各个指标的权重，进而将权重用于所有样本，完成指数的测算。

反推赋权法结合了主客观赋权法的优势，既引入了专家知识，又考虑了数据特征，而且相对于评估抽象概念的重要性，在很多情况下直接评估典型样本的得分或排序也更容易实现。但这种方法仍存在明显的局限性。第一，如何选择有代表性的样本成为一个关键问题，如果样本代表性不够，无法反映不同类型样本的情况，最后的结果可能具有较大偏误。第二，在实践中，数据可能无法很好地拟合样本结果，这会严重影响反推权重的效果。

综合其优劣势，可以发现，反推赋权法在以下场景中具有一定的优势。（1）指标体系过于复杂，主观赋权法难度较大，但部分样本（注意此处是样本而非指标）之间存在明显的优劣关系，容易在专家评估中达成一致。（2）待评估对象较多，能够抽出一个较大且具有代表性的样本集合用于拟合数据，且能够得到较好的拟合结果。此外，还有一种特殊情况，对于某些评估任务，存在部分标杆样本，需要根据标杆样本的不断变化动态调整指标权重，此时反推赋权法也较为适用。

从部分结果反推难免带有事后解释的意味，尤其是当样本总量较小时，如果用于拟合的样本过多，则会导致结果近似于主观评价，而且相较于主观地评价指标重要性，主观地评价结果具有更强的人工干预意味，这在一定程度上违背了构建指数的初衷。因此这种方法的应用十分有限，通常更多地用于将已经得到认可的结果推广到更大的样本中，或者用于需要根据少数标杆样本的变化动态调整指标权重的场景下。

根据已知结果的不同，可以将反推赋权法分为基于排序反推权重和基于得分反推权重两种类型。

基于排序反推权重是指已知部分样本的排名先后，但不知道其得分，此时希望得到一组权重，使这些样本数据加权后的结果最大限度地契合已知排序。例如，我们已知 200 个全球城市的排名，同时拥有 1000 个城市的数据，此时可以将权重设置为未知数的向量，在未知数大于 0 且和为 1 的限定条件下，使用规划方法求得最优解，使 200 个样本加权后的结果与已知结果的差异最小。

基于得分反推权重本质上是一个预测问题，已知部分样本的综合得分 Y 和各个指标得分矩阵 X，可以构建关于 X 和 Y 的模型，并基于模型参数计算权重。例如，我们已知 200 个全球城市的综合得分，同时拥有 1000 个城市的数据，可以将 200 个城市的样本数据划分为训练集和测试集，采用机器学习的方法找到高精度的预测模型，其中线性回归是常用模型之一，线性回归的标准化回归系数能够反映出不同指标的相对重要性。

4.2 集成多种赋权结果

反推赋权法是在权重的计算过程中融合了专家知识和数据特征，除了这种方法以外，还可以通过融合不同方法产生的权重结果得到最终的权重，这种思想也被称为集成赋权。

集成赋权首先采用两种及以上的不同赋权方法计算权重，然后对所得结果进行综合，计算出最终的权重。集成赋权的基础思想是，不同赋权方法分别存在一定的局限性，而现实中的应用场景通常无法严格满足特定赋权方法的要求，因此任何一种方法都可能产生偏误，通过使用不同的权重计算方法并进行综合，有助于减少单一方法带来的偏误。

集成赋权法的优势已经在其基础思想中得到体现，即通过综合多种赋权方法的结果减少单一方法的偏误。但这种优势并不是绝对的，其核心原因在于我们无法有效地评估特定结果偏误的大小。我们假设这样一种情境，即基于方法 1 的结果 W_1 有偏误，但我们无法确定是否存在偏误以及偏误大小，基于方法 2 的结果 W_2 没有偏误，综合以上两种结果得出的最终结果 W_3 的偏误通常介于 W_1 与 W_2 之间，即 W_3 降低了 W_1 的偏误但增加了 W_2 的偏误，由此可见集成赋权法在减少偏误上的优势是一个平均概念，并不是说其比任何一种单一方法的偏误都小，而是在无法评估偏误的前提下，通过综合多种结果能够得到一个平均水平上偏误较小的权重。

集成赋权法的结果受到以下几个因素的影响。（1）待集成权重的数量，通常情况下，待集成权重的数量越多，集成后的结果越稳健，当权重数量足够多时，集成结果通常会收敛在一个相对稳定的水平。（2）待集成结果的质量，由上文可知，单个权重的偏误越小，则集成后的偏误也越小。（3）集成方法，采用科学的集成方法有助于缩小集成结果的偏误。

集成方法上，集成赋权可采用并联集成和串联集成两种不同的方法。并联集成是指首先分别使用不同的方法计算出多种待集成权重，并将这些结果视为并列的对象，然后使用投票、计算平均值等方法计算出最终结果，此处的结果既可以是权重，也可以是指数得分。串联集成是指首先使用一种赋权方法计算权重并得出各个指标乘以权重后的值，然后将乘以权重后的值作为输入再次使用另一种赋权方法计算权重并取得新的得分，例如当采用主观赋权法得出的结果区分度不够时，可以再次采用客观赋权法拉开样本间结果的差距。

由于串联集成在实践中就是逐一使用上文介绍过的赋权方法，此处不再举例。本节以对指数得分进行集成为例演示并联集成。

表 8-15 为本章展示的四种赋权方法的结果。从中可以发现，采用不同赋权法得到的结果总体比较接近，十个样本有四个样本的排名完全相同，三个样本的排名变化只有一位，另外三个样本的变化也在三位以内，而且这三个样本的排名多在第五位上下，处于中间水平。这能够增强我们对结果稳健性的信心，当采用不同赋权方法对指数结果的影响较小时，指数结果接近真实水平的可能性就高。

表8-15　本章四种赋权方法结果汇总

	指数得分				指数排名			
	等权法	直接打分法	两两对比法	CRITIC	等权法	直接打分法	两两对比法	CRITIC
S01	0.68	0.68	0.74	0.67	2	2	1	2
S02	0.33	0.32	0.31	0.34	8	8	8	8
S03	0.31	0.30	0.29	0.34	9	9	9	9
S04	0.22	0.22	0.21	0.26	10	10	10	10
S05	0.45	0.44	0.53	0.47	6	6	3	4

（续表）

	指数得分				指数排名			
	等权法	直接打分法	两两对比法	CRITIC	等权法	直接打分法	两两对比法	CRITIC
S06	0.40	0.39	0.44	0.41	7	7	7	7
S07	0.58	0.62	0.49	0.62	3	3	6	3
S08	0.76	0.76	0.73	0.74	1	1	2	1
S09	0.45	0.44	0.52	0.45	5	5	4	5
S10	0.47	0.47	0.52	0.45	4	4	5	6

　　并联集成有多种不同的方法，一种方法是投票，以 S01 为例，其四个得分中有三个在 0.68 附近，四个排名中有三个为第二位，按照投票中少数服从多数的原则，S01 集成后的结果应该在 0.68 附近，排名第二。

　　第二种方法是计算算术平均数或几何平均数，以算术平均数为例，集成后的结果如表 8-16 所示。

表8-16　基于算术平均数的集成赋权结果

样本	总分	排名	样本	总分	排名
S01	0.69	2	S06	0.41	7
S02	0.33	8	S07	0.58	3
S03	0.31	9	S08	0.75	1
S04	0.23	10	S09	0.47	6
S05	0.47	5	S10	0.48	4

　　我们还可以综合投票法和平均法，例如从表 8-15 中可以发现两两对比法的结果与其他三种方法相对差异较大，因此可以通过投票将其剔除，然后计算另外三组结果的平均数。

5 定性指标与定距指标的综合赋权

本章前四节讨论了对于定距指标的赋权，即所有指标都是连续值，这也是构建指数的理想数据类型。但在实践中可能遇到的一个问题是，有些情况下，有些重要指标无法实现定距测量，仅能获得定性指标，例如表示是否或有无状态的"0—1"变量，或者只有少数等级的定序变量。

由于测量尺度不同，定性指标可能不满足定距假设。以"0—1"变量 C1.1 为例，其不需要进行无量纲化就已经分布在了 [0，1] 的区间内，但是此处的 0 和 1之间的距离可能与定距指标 A1.1 无量纲化后的 0 和 1 之间的差距并不相同。这是因为 C1.1 背后可能存在一个潜在的连续变量 D1.1，当 D1.1 大于某一阈值 t 时，C1.1=1，否则 C1.1=0，此时 C1.1 中 0 和 1 的差距可能是 D1.1 中 0 到 t 之间任何一个值与 1 的差距。例如假设 t=0.5，在高精度的测量下 D1.1 的 S01 和 S02 得分分别为 0.49 和 0.51，二者差距为 0.02，但由于测量精度不足，仅得到了"0—1"变量 C1.1，此时二者得分差距变为 1。如果仅从数值计算的角度来看，本章前四节介绍的方法仍然可以使用，但由于指标违背了等距假设，可能导致结果存在较大偏误。面对这种情况，以下几种方法有助于减小定性指标带来的偏误。

（1）在数据处理环节将定性指标映射到一个更合理的区间。这一方法的核心思想是结合先验知识对指标的真实状态进行判断并以此为基础进行数据处理。仍以"0—1"变量 C1.1 为例，如果基于先验知识发现，其背后的潜在连续变量 D1.1 服从正态分布，D1.1 的平均水平为 0.6，多数样本分布在 0.4 到 0.8 之间，此时虽然我们仍然无法得到每一个样本的连续取值，但是通过将 C1.1 映射到 [0.4，0.8] 或 [0.5，0.7] 有助于减小结果的偏误。

（2）在赋权环节将定性指标视为加分项或减分项。因为定性变量只有为数不多的取值，可以将其视为加分项或减分项。仍以"0—1"变量 C1.1 为例，可以将这个指标理解为，如果某个样本在 C1.1 上取值为 1，则其得到额外的加分。此时需要使用额外的赋权策略，例如在专家打分环节，不再对比 C1.1 与其他指标的相对重要性，而是直接请专家给出这个指标取值为 1 时的加分幅度。

6 小结

当各个指标的重要性有所差异时，如何赋给各个指标不同权重成为指数研究的一个重要问题。最常用的两种赋权思路分别是主观赋权法和客观赋权法，前者以指标在概念上的重要性为基础，后者以各个指标的数值特征为基础，这两种思路各有其特征。

主观赋权本质上是将知识融入权重的过程，这一过程中最核心的问题是找到可靠的知识并且降低外部因素对于打分的影响，例如要找到合适的专家进行打分，并且通过合理的打分设计降低打分难度。客观赋权则是假设指标取值能够从信息量、距离等方面反映其相对重要性，简单易算，但其结果受到数据质量等因素的影响较大。

此处需要注意的是，主观赋权法可能因忽略数值特征而导致结果有偏，例如某个指标虽然概念上很重要，但是数据质量较低或信息量较低，此时如果赋给其过高权重可能导致结果出现问题。而客观赋权法中的"客观"并不代表"科学"，例如由于数据质量、测量方法等方面的差异，指标信息量可能无法反映其重要性。为了避免单一方法的偏误，在赋权过程中可以灵活地使用多种方法。

第九章　指数合成

在确定各个指标的权重后即可进行指数合成，在这一环节，最简单的方法是对所有指标进行加权求和，本章称其为加法合成法，这种方法易于理解而且应用场景很广，在实践中得到大量使用。但加法合成法也存在一些不足，在特定应用场景下乘法合成法等其他策略或更为适用。本章将通过案例说明不同合成方法的区别，研究者可根据应用场景选择合适的合成方法。

1　加法合成法

加法合成法的基础假设是，指数的各个指标是相对独立的存在，各指标之间互为补充，将其加总后就能得到总体。其计算非常简单，就是将每个指标乘以其权重然后求和，公式如（9-1）所示，其中 Y 表示指数得分，w_i 表示第 i 个指标的权重，x_i 表示第 i 个指标经过数据处理后的取值。

$$Y = \Sigma w_i x_i \ (0 \leq w_i \leq 1) \quad (9\text{-}1)$$

通过其基础假设和计算公式可以发现加法合成法具有以下几个特点。

（1）易于理解和计算。在构建指标体系的过程中，常见的思路是对指数的总体概念进行分解，使每个指标代表总体的一部分，各个指标的总和构成了总体，由此出发，在指数合成环节，对各个指标的取值进行加权求和显得顺理成章，无论对于指数研究者还是指数使用者，这种合成方法都十分容易理解。不仅如此，这种方法十分容易操作，即使没有软件帮助也能够非常便捷地计算出结果。此外，由于加法合成法属于线性加权，在指数合成环节没有对 x 进行转换，这就意味着其对数据处理后的结果在数据取值范围等方面没有要求，使计算过程更为便捷。

（2）假设指标间相对独立。由各个指标的总和构成总体这一假设可以发现，加法合成法的结果假设了指标间相对独立，这一问题在指标设计相关讨论中已有提及。如果指标间不独立，则会导致不同指标包含相同信息，在进行求和后这些重复信息的权重将被隐形地扩大，可能在不自觉的情况下使结果偏向不独立的指标。在实践中，绝对意义上的相互独立很难实现，通常只要在指标体系设计环节排除了在概念上相同或者高度相似、相关的指标，就可以假设指标间相互独立。

（3）指标间线性补偿明显。线性补偿是指指标间的增长可以互相补充，例如某个样本在指标 A 的得分较低，但其在指标 B 的得分极高，则在 A 和 B 线性加权后该样本仍能得到中等甚至偏上的分数。线性补偿并不是加法合成法独有的特征，但这一特点在加法合成法中表现得较为明显。从计算公式可以发现，加法合成法属于线性加权，在指数合成环节没有对 x 进行转换，保留了一次函数的特征，使指标的增减能够更加直接地表现在结果中，这一点通过下文与乘法合成法的对比能够更加清晰地理解。

（4）较大值和较大权重的作用突出。这一点本质上属于线性补偿的一种具体体现，但因为其十分重要，此处单独说明。假设这样一种场景，某个样本在多数指标上表现中等偏下，这些指标区分度不大，但其在个别指标表现极好，而且此处的个别指标变异性极大，其第一名与平均水平拉开了较大差距（可参考第七章样例数据的 B2.2），并且在数据处理环节并没有人为缩小这种差距，如果使用加法合成法，由于线性补偿明显，该样本可能综合得分排名靠前。与之类似的是，如果某个样本表现较好的指标权重较大，其即使在其他指标中表现一般，也可能综合得分较高。在实践中通常不会如此极端，但类似的情况是常见的。需要说明的是，这并不是加法合成法的缺点，因为在现实中个别指标的权重或取值的确会对结果产生重要影响，有时甚至是决定性作用，此时加法合成法的这一特征是其优势而非劣势。研究者需要了解这一特征，并结合研究问题、数据情况等因素做出综合判断。

结合加法合成法的以上特征可以发现，这种合成方法具有较强的普适性，只要指标间相对独立、研究场景不排斥指标间的线性补偿，并且研究场景没有特定要求，几乎都可以使用加法合成法，而对于需要线性补偿的研究场景，加法合成法则尤为适用。

2 乘法合成法

与加法合成法不同，乘法合成法假设指标间并非相互独立而是强相关的，在这一假设下，其计算公式如（9-2）所示。从公式中不难发现，因为在计算权重时一般

要求 w_i 的和为 1，所以乘法合成法可以视为 x_i 的加权几何平均数，与之相应的加法合成法是在计算 x_i 的加权算数平均数。

$$Y = \Pi x_i^{w_i} (x_i \geq 1, 0 \leq w_i \leq 1) \qquad (9\text{-}2)$$

几何平均数通常用于最终结果是各个部分相乘的情况，例如利率、增长率等。以利率为例，在计算多期后的收益率时，需要将每一期的结果相乘，一方面各期的结果之间是高度相关的，例如第二期是在第一期的基础上增长，同时最终的结果是前面几期数据连续相乘得到的。在这种情况下，计算平均利率需要使用几何平均数。

通过以上过程可以发现，乘法合成法与加法合成法存在一些明显差异，具体表现在以下几个方面。

（1）强调指标间的相关性。乘法合成法与加法合成法最本质的差异在于前者假设指标间并不是相互独立而是紧密关联的。以增长率为例，在计算平均增长率的过程中，最终的增长率是每一期增长率前后相互作用的结果，同时每一期的增长率之间可能还会相互影响，例如某一期的增长率降低后由于基数下降，下一期的增长率更容易增高，这一情况的典型代表是我国 2019 到 2021 年的国内生产总值增速，三年的增速分别是 6.1%、2.3% 和 8.1%，其中 2021 年增速较高的部分原因在于 2020 年的增速较低，因此关于 2021 年国内生产总值的解读中常出现"两年平均增速"这样的表述。

（2）线性补偿作用较小，突出指标一致性以及指标值较小者的作用。由于乘法合成法要求 $x_i \geq 1$，即 x_i 均为正数，设 $x_a + x_b = \text{N}$，N 为常数，此时 $x_a \times x_b \leq \frac{\text{N}^2}{4}$，当且仅当 $x_a = x_b$，$x_a \times x_b = \frac{\text{N}^2}{4}$，由此可见，在使用乘法合成法时，如果两个样本在合成前的总分相同，在不考虑权重的情况下，指标间的一致性更强的样本合成后的得分会更高。由此可以发现乘法合成法与加法合成法在数值计算上也有明显不同。第一，乘法合成法的线性补偿作用相对较小，如果一个样本在某个指标上得分较高但在其他指标上得分较低，乘法合成法得到的总分更可能为低分。第二，由于当合成前总分相同时一致性更强的指标更容易在合成后得到高分，因此乘法合成法的结果会更加偏向于各项指标更为均衡的样本。第三，对于存在短板的样本，即在某些指标的取值极低，则其总分更容易被拉低。

（3）应用范围相对较小。通过以上两个特点可以发现，在指数研究的语境下，乘法合成法的应用场景要小于加法合成法，一方面是因为在综合评价中指标间高度相关这一假设在现实中出现的频率要远小于指标间相对独立，另一方面是其对数据有一定限制，例如要求 $x_i \geq 1$，虽然通过无量纲化可以使所有取值均大于等于 1，但在有些场景下这样操作会失去数据原本的现实意义，例如原本负值表示负增长，将其转化为正值之后会变得更难理解。

虽然乘法合成法的应用范围相对较小，但其在特定场景下的优势也十分突出，当研究目标强调以下两点时，使用乘法合成法或比使用加法合成法更为合适。（1）希望评估样本在不同指标上得分的均衡性，使均衡性更高的样本得分更高。（2）短板会对结果产生重要影响，希望存在短板的样本得分较低。

3 加法合成法与乘法合成法实例对比

为了更加直观地展示加法合成法与乘法合成法的差异，本节将以表 9-1 中的数据为实例进行分析。为了对比两种合成方法，此处对样例数据进行了有意设计，使之满足两个条件，一是每个样本在赋权与合成前总分相同，二是不同样本的一致性有所不同，S01 五个指标相等，S02 多数指标相等但有一个指标极大，S03 多数指标得分较高但有一个指标得分极小，S04 有两个指标得分极大但另外三个指标得分较小。

表 9-1　合成方法对比案例数据

	S01	S02	S03	S04
A	6	10	7	10
B	6	5	7	10
C	6	5	7	2
D	6	5	8	3
E	6	5	1	5

基于不同赋权策略、不同合成方法的指数结果如表 9-2 所示。

表9-2　基于不同赋权策略、不同合成方法的指数结果对比

	S01	S02	S03	S04
加法合成法（等权）	6.00	6.00	6.00	6.00
乘法合成法（等权）	6.00	5.74	4.87	4.96
加法合成法（A0.4，其他0.15）	6.00	7.00	6.25	7.00
乘法合成法（A0.4，其他0.15）	6.00	6.60	5.33	5.91
加法合成法（E0.4，其他0.15）	6.00	5.75	4.75	5.75
乘法合成法（E0.4，其他0.15）	6.00	5.55	3.28	4.97

首先来看等权的情况。因为所有指标在赋权和合成前总分相同，使用等权的加法合成法后所有样本得分相同，也就是说对于加法合成法而言，在不考虑权重的情况下，实际起作用的是各个指标的总分。但乘法合成法的结果有所不同，如上文所述，合成前总分相同时，一致性更强的指标更容易在乘法合成后得到高分，这一点在以上案例中得到明显体现，最高分为在所有指标得分完全一致的S01，其次为有四个值相等的S02。

然后来看当指标A的权重为0.4，其他四个指标的权重均为0.15时的结果。在这种赋权策略下使用加法合成法时，在指标A上取得高分的样本表现出明显优势，S02和S04总分都达到7分，其次是S03，在A上得分最低的S01总分最低。但如果使用乘法合成法，结果则有所不同，在指标A上得到最高分且其余四个指标完全一致的S02得到了最高分，S04虽然指标A也得到了最高分，但是其余四个指标一致性较低，仅排到了第三位，第二位反而是既没有长板也没有短板并且在指标A得分最低的S01。由此可见，数据一致性对乘法合成法的影响较大，而权重的影响相对小于加法合成法。

接下来是指标E的权重为0.4，其他四个指标的权重均为0.15时的结果。在加法合成法中，由于在E的得分中S01最高，其次是相等的S02和S04，S03得分最低，所以合成后的结果也是如此。在乘法合成法中，第一名和最后一名仍然分别是S01和S03，但在E上得分相同的S02和S04结果却有所不同，总体一致性更强的S02取得了更高的分数。这再次说明数据一致性对乘法合成法的影响较大，而权重的影响相对小于加法合成法。

最后来看各个样本在不同权重与合成方法下的结果差异。对于所有值相等的

S01，无论权重和合成方法如何改变，其结果都完全一致。对于多数指标相等但有一个指标极大的 S02，在加法合成法下，权重是影响其结果的主要因素，当其得分较高的指标权重较大时，其排名更为靠前，而在乘法合成法下，权重的影响有所降低，其多数指标的一致性对结果贡献更大。对于多数指标得分较高但有一个指标得分极小的 S03，当使用加法合成法时，如果其得分极小的指标权重较小，其仍然可能在排名上赶超其他样本，但如果使用乘法合成法，即使指标 E 权重较小，S03 的排名仍然垫底，这反映出乘法合成法对短板指标的"惩罚"。对于有两个指标得分极大但另外三个指标得分较小的 S04，在加法合成法中，其排名主要取决于其长板指标的权重，而在乘法合成法中，虽然其有两个长板，但一方面其存在相对短板，同时数据一致性较低，所以无论使用何种权重，其结果都处于倒数第二位。

通过以上案例，我们能够从计算的角度更加清晰地感受到两种常用指数合成方法的区别。对于加法合成法而言，权重和极端值会对结果产生较大影响，尤其是当极大值的权重较大或极小值的权重较小时，这种作用更为明显。对于乘法合成法而言，权重和极大值的作用相对较小，而极小值和数据一致性发挥的作用更大。而且不难发现的是，即使是同一组数据，使用不同权重、不同合成方法，结果可能差别很大，这提醒研究者要根据研究目标、数据特征等因素有依据地选择赋权与合成方法，以提高研究的科学性。

4 理想点法

加法合成法与乘法合成法虽然基础假设有所不同，但二者都是以部分与总体的关系为出发点对指标进行合成。此外，还可以从各个得分与理想值之间的距离出发对指标进行合成，这一策略下的典型方法是 TOPSIS，通常称其为理想点法。理想点法与基于理想系统的距离赋权的思想十分接近，其区别在于前者是先通过别的方法确定权重然后再计算与理想系统的距离，而后者是直接计算出一组权重使指数结果与理想系统距离最小。

使用理想点法合成指数的核心问题在于如何确定理想点，常见的策略有两种。（1）基于样本数据确定，例如对于正向指标而言，将每个指标中的最大值作为正向理想点、最小值作为负向理想点。（2）基于外部信息确定，常见的外部信息包括现有文献、经验事实、专家打分等。

在确定理想点后就可以计算各个样本与理想点的距离，几种常见的距离公式如下，其中 a 和 b 分别表示两个维度相同的向量，d 表示两个向量的距离。

$$欧式距离\ d = \sqrt{\Sigma(a-b)^2} \qquad （9-3）$$

$$曼哈顿距离\ d = \Sigma|a-b| \qquad （9-4）$$

$$切比雪夫距离\ d = max(|a-b|) \qquad （9-5）$$

在计算距离时，可以选择计算与正向理想点的距离、与负向理想点的距离，或者可以同时考虑以上两种情况。此处以曼哈顿距离为例展示三种不同的计算思路，具体公式如下，其中 y_j 表示样本 j 的合成结果，w_i 表示指标 i 的权重，x_{ij} 表示样本 j 在指标 i 的取值，I_i 表示指标 i 的理想值，脚标中的"正""负""综"分别表示正向、负向以及综合两种情况。

$$与正向理想点的距离\ y_{j正} = \Sigma_i w_i|x_{ij} - I_{i正}| \qquad （9-6）$$

$$与负向理想点的距离\ y_{j负} = \Sigma_i w_i|x_{ij} - I_{i负}| \qquad （9-7）$$

$$综合两种距离\ y_{j综} = \frac{y_{j负}}{y_{j负} + y_{j正}} \qquad （9-8）$$

当所用数据为正向指标时，$y_{j正}$ 越小说明样本 j 与理想中最大值的距离越小，因此 $y_{j正}$ 越小越好，同理，$y_{j负}$ 越大越好。此处 $y_{j综}$ 将 $y_{j负}$ 作为分子，所以结果越大越好，如果希望使结果越小越好，可以将 $y_{j正}$ 作为分子。

通过以上公式可以发现，当 $x_{ij} \geq 0$ 时，如果 $I_{i负}=0$，则 $y_{j负}$ 事实上就是加法合成法，同理，如果将 $I_{i正}$ 视为指标 i 的理论最大值，$y_{j正}$ 就是先对数据进行反向处理然后再进行加法合成，此时这两个单一结果的意义较小。

这给我们两点提醒。（1）指数的量化过程是环环相扣的整体，研究者需要考虑各个环节所用方法的匹配程度，而不应孤立考虑每一个环节，否则可能导致结果出现偏差，这一点不仅适用于此，同样适用于其他环节、其他方法。（2）理想点法的效果高度依赖正向和负向的理想点，因此应谨慎选择理想点，如果基于样本数据确定理想点，则在数据处理环节需要更为谨慎，例如需要考虑理想点是否是离群点、是否需要进行相应处理等问题。

综上，如果在特定场景中能够有依据地确定理想点，可以考虑使用理想点法对指标进行合成，其优势在于结果更易理解，但理想点的确定通常并非易事，如果理想点选择不当可能导致结果出现明显偏误。

5 集成不同合成方法

本章介绍的三种方法能够满足指数研究的多数场景，但在有些场景中研究者可能有一些特殊的考量，此时需要根据研究需要使用特定的合成方法。在有些场景中需要根据指标取值大小而非其含义进行赋权，例如希望得分越高的指标权重越大或越小，此时可以使用有序加权平均算子或者有序加权几何平均算子进行合成。当指标取值存在明显分歧时，可以考虑使用密度中间算子等方法将取值的一致性程度考虑在内。当研究场景更为关注指标值的相对发展水平而非绝对值时，可以考虑使用有序分位加权集结算子等方法。[1]

通过以上讨论不难发现，各种合成方法对应不同的应用场景，每种方法都有自身的优势和不足，在第八章中我们讨论过类似的问题，即不同赋权方法各有优劣，对此，可以考虑集成多种不同赋权方法的结果。这一思想同样可用于指数合成，即可以通过集成不同合成方法的结果得到最终结果。

例如，可以使用公式（9-9）集成加法合成法与乘法合成法的结果，其中 $Y_集$ 表示集成后的结果，$Y_加$ 表示加法合成法的结果，$Y_乘$ 表示乘法合成法的结果，w_1、w_2 分别表示两种结果的权重，$w_1 + w_2 = 1$。

$$Y_集 = w_1 \times Y_加 + w_2 \times Y_乘 \quad （9-9）$$

通过以上公式可以发现，其本质上是将不同合成法的结果视为指标，然后对指标进行加法合成。由此带来的启发是，在集成的过程中也可以使用别的合成方法，例如，当希望得分越高的结果权重越大时，可以考虑使用有序加权平均算子，当不同方法得到的结果存在明显分歧时，可以考虑使用密度中间算子进行集成。这些方法同样适用于集成权重结果。

通过集成不同方法的结果，一定程度上能够实现取长补短，例如集成加法合成法与乘法合成法的结果一定程度上能够抵消极大值和极小值对结果的影响，使最终结果更为稳健。但与此同时也可能失去单一方法的特色，例如最终结果既不能识别出有专长的样本，也无法识别出存在明显短板的样本。因此研究者应根据研究目标判断是否要进行结果集成，以及谨慎选择集成方法。

---

1 易平涛，李伟伟，郭亚军. 综合评价理论与方法(第二版)[M]. 北京：经济管理出版社，2019：84-116.

6 小结

得到各个指标的权重后就可以将其合成为最终的指数，这一环节最常用的方法是加法合成法，即将每个指标乘以其权重再求和。加法合成法易于理解和计算，但在使用这种方法时应该意识到其基础假设，即各个指标间是相对独立的，并且还要了解其结果特征，例如指标间线性补偿明显、较大值和较大权重的作用突出等。如果指标间不满足独立性假设，或者研究者希望指数结果中突出指标间的一致性和短板效应，则乘法合成法或更为合适。此外，如果存在一个可参考的理想系统，也可以使用理想点法进行指数合成。

第十章 指数评估

从第四章开始，本书讨论了如何设计指标体系、采集数据、评估数据质量、处理数据、赋权与合成指数，通过以上几个步骤，采用各章介绍的或繁或简的方法总能计算出至少一组结果。而在将指数结果用于指导实践或进一步研究之前，还需要回答一个重要问题，即指数结果质量如何，常见表述包括指数结果是否科学、是否可信、是否有效等。对于这类问题，一方面可以从程序正确的角度回答，基本思路是只要每一个步骤都是科学的，则结果质量将有所保障，另一方面可以从结果正确的角度回答，基本思路是论证指数结果具有较高的信度和效度。

从以上两种思路可以发现，由于指数结果也是数据的一种形式，因此指数结果的评估与第六章讨论过的数据质量评估有相通之处，但指数结果具有一些独特属性，其评估方法有独特之处。本章将在数据评估的大框架下，结合指数自身的特点讨论如何评估其结果，前三节将重点讨论如何论证结果的信度和效度，第四节将简单讨论结果正确与程序正确的关系。

1 基于现有知识定性评估

指数是对现实世界的测量，因此评估指数的最好准绳是现实世界，但此处的矛盾之处在于，正是由于缺少对现实世界特定方面的测量结果才需要构建新的指数，因此在一些场景中无法对指数结果进行准确的定量评估，相对而言，定性评估的适用范围则更为广泛。

定性评估的基本思路是以关于现实世界的现有知识为标准对指数结果进行部分评估，如果指数结果与现有知识相契合，则指数更可能具有较高质量。本节将举例说明基于现有知识定性评估指数结果的两种常用方法，并说明其中的注意事项。

1.1 基于特定样本结果评估

指数研究的结果通常是对样本进行打分或排序，由此来看，评估指数结果质量的一种重要标准就是打分或排序的结果是否正确，因此可以通过特定样本的结果对比来评估指数结果的质量。

例如，某指数对 100 所高校进行了排名，虽然基于现有知识可能无法评估所有排名结果，但现有知识通常包含部分高校间的对比信息，例如个别高校应该排在第一梯队、高校 A 排名应大幅领先高校 B、高校 A 和高校 C 的差异应较小等，假设这些现有知识是可靠的，那么如果指数结果与现有知识相一致，则能够增加对指数结果的信心，其契合的现有知识越多，则对结果的信心越强。

对于基于特定样本结果评估指数结果，在实践中有一些经验做法，在此举几例说明。

（1）设定标准集，计算一致程度。以高校排名类的指数为例，可以基于现有知识预估个别高校的排名或者部分高校排名的关系，例如设定 10 个标准，然后在计算出指数结果后逐一验证这 10 个标准，结果与预设标准的一致程度越高，则指数结果具有较高质量的可能性越大。研究者甚至可以在指数研究开始之前就预先定义部分标准，标准定义越早就越能够减轻事后解释的困境。

（2）在结果中查找异常样本。指数结果通常能够将样本分为几个梯队，虽然单个样本的排名较容易存在争议，但各个梯队通常具有一定规律，例如在综合实力排名中 985 高校通常排名高于非 985 高校。违反此类规律的样本通常被视为潜在的异常样本，例如在综合实力排名中，如果部分非 211 高校排名高于部分 985 高校，则指数可能存在问题，例如指标体系无法全面地反映综合实力、数据处理错误等。异常样本越少则指数结果具有较高质量的可能性越大。

（3）预先定义标杆。研究者可以在指数研究的最初阶段就设定一些标杆，这些标杆可能是现实存在的样本，例如北京大学、清华大学通常作为国内高校综合实力的标杆，也可能是虚拟的，例如可以参考北大、清华各个指标的得分人工赋值形成一个比二者略强或略弱的样本。在计算的各个阶段都可以通过预定义的标杆评估结果质量。这种方法可以用于识别因计算而产生的问题，例如可以设计一个与北大完全相同的标杆，然后在其数据中人为制造一个缺失值，通过最终结果就能评估缺失值处理对结果产生的影响。

1.2 基于专家意见评估

关于现实世界的许多知识并没有记载在文字、影像等显性资料中，而是存在于各领域专家的头脑中，有些知识甚至可能还未完全产生，例如对于部分新问题，专家在看到指数结果后需要进一步思考和研究才能得出判断。因此在指数发布之前，通常会邀请相关领域专家对指数进行评审。

常见的评审方法包括专家评审会、德尔斐法、单一权威专家评审等。专家评审会是指数评估中的常用方法，通过邀请相关领域的多位专家现场讨论，通常有助于集中发现指数中存在的各类问题。但有些情况下，现场讨论可能导致部分专家隐藏观点，为了解决这一问题，可以使用德尔斐法使专家间进行匿名交流。此外，当指数研究问题较为小众或者相关领域存在权威专家时，单一权威专家的意见也可以作为指数评估的依据。

专家评估中的一个常见问题是意见分歧。由于不同专家可能采用不同标准评估指数，其意见可能存在较大差异。对于这一问题，一种选择是不考虑分歧部分，仅基于不存在分歧的意见评估指数。但在有些情况下专家的分歧点可能恰恰是指数的亮点，对于指数中的部分结果，如果有些专家认为其合理而另一些专家认为其不合理，且指数研究过程科学严谨，则该指数可能量化测量了特定领域尚未明晰的问题，或有助于该问题的进一步研究。

1.3 注意事项

在基于现有知识定性评估指数的过程中，有四点需要说明。

第一，定性评估的核心要素是现有知识，而社会科学领域的知识常常存在争论。知识的非唯一性带来一个严重的问题，即在有些情况下无论何种结果都可以找到现有知识作为佐证。为了减轻这一问题的影响，一方面要在现有知识的选择上更为严谨，根据研究需要尽可能选择已经得到学界或业界认可的知识，另一方面可以多样本、多角度进行评估，这就涉及后面三个问题。

第二，多样本、多角度进行评估有助于提高评估效果。指数的部分结果与现有知识契合并不能证明指数结果质量较高，其可能是各种偶然因素作用的结果，因此通常将其表述为当指数结果与现有知识相契合能够增加指数具有较高质量的可能性。

在这一背景下，与现有知识相一致的样本和角度越多，则指数具有高质量的可能性越高。

第三，所用的现有知识应采用统一标准。例如，假设专家 A 认为样本 a 优于样本 b、样本 c 优于样本 d，专家 B 认为样本 b 优于样本 a、样本 d 优于样本 c，由此可见两位专家之间存在一定分歧，如果指数结果显示样本 a 优于样本 b、样本 d 优于样本 c，则该结果与两位专家意见分别只有 50% 的一致性，此时应该仅采纳其中一位专家的观点保证评估依据的标准统一，而不应该分别采用每位专家的部分观点，虽然后一种做法能够使一致性达到 100%，但使用不同标准拼凑出的评估结果可能存在严重的逻辑漏洞，进而导致无效评估。

第四，定性评估通常无法覆盖指数的方方面面，需要科学选择评估样本或角度。例如，可以基于分歧较小的知识选择样本或角度，此时因为评估依据具有足够的共识，评估结果更容易得到认可。但有些情况下分歧本身可以作为筛选样本的依据，例如部分专家认为样本 a 优于样本 b，部分专家则持相反意见，说明两个样本间或许没有显著差异，此时可以将二者作为相近样本，如果结果中二者也较为接近，则也能够增加对结果的信心。但后一种做法需要研究者进行更加严谨的论证。

2 基于指标相关性评估

如果将指数总体及其各个指标的数值视为对现实社会的测量结果，则可以将对指数结果的评估视为对社会测量结果的评估，此时可以参考社会科学研究方法中对于数据信度和效度的评估方法。本节将介绍如何基于效度思想评估指数结果。

2.1 社会科学中的效度评估

首先来看社会科学研究方法中对于数据效度的定义以及常用的评估方法。

效度是指数据能够反映其所要测量的特征的程度。研究对象可能包含多种特征，假设指标 A 的目标是测量特征 a，只有当其清晰地反映了特征 a 时才能认为其有足够的效度，反之，如果其实际反映的是特征 b 或者同时混淆了特征 a 和特征 b，则其效度存在问题。

如前文所述，通常采用以下几种方法评估数据效度。（1）表面效度，这是定性评估效度的方法，通过基于现有知识的推演判断测量是否符合逻辑。（2）准则效度，如果测量结果能够达成与测量目标密切相关的某种准则，例如能够预测事物的未来状态、能够与其他工具的结果一致等，则数据更可能是有效的。（3）建构效度，如果数据与理论相契合，例如在理论上高度相关的指标在数据上也高度相关，则数据更可能是有效的[1]。

以上三种方法对指数评估均有启发。表面效度可以用于评估指数研究的各个环节是否科学。准则效度本质上是在评估测量结果与现实中特定点的契合程度，上一节提到的使用部分样本结果进行验证的思路与准则效度相一致，但这种方法高度依赖准则，当准则不明确或可参考准则较少时，则该方法难以发挥作用。而由于社会的构成要素之间普遍存在联系，通常情况下更容易找到与研究对象理论相关的其他对象，总体而言建构效度比准则效度在量化评估中或更为常用。归纳起来，效度评估给指数评估的启发集中在以下两方面。

（1）定量评估仍需要现有知识的指引。与上一节提到的定性评估相同，采用定量的效度评估方法仍需要以现有知识为依据，无论是确定准则还是查找与研究对象理论相关的指标，都离不开现有知识。

（2）需要找到已经得到量化的参照物。与定性研究不同的是，定量效度评估方法在现有知识的基础上引入了与指数结果相关的其他数据作为参照物，通过计算指数结果与参照物的相关系数判断结果的效度。

2.2 评估指标相关性

通过以上讨论可知，可以基于指标间的相关性评估指数的效度，这一过程中涉及两个问题，一是如何筛选相关指标，二是如何计算相关性。

相关指标的第一个来源是指标体系内包含的指标。在指标体系设计和权重计算环节的讨论中都曾提及，由于各个指标共同构成整体，部分指标间可能存在一定相关性，因此在完成各个指标的测算后，可以计算指标两两之间的相关系数，如果理论相关的指标在数据中表现出强相关性，则这些指标更可能是有效的。但这种方法只能评估各个指标的效度，无法评估指数总体结果，同时如果只有部分指标间存在

1　袁方. 社会研究方法教程[M]. 北京: 北京大学出版社, 2004: 195-196.

理论相关，则无法全面评估所有指标的效度。

引入外部指标可以弥补仅用内部指标的不足。一方面，引入外部指标可以直接评估指数总体结果。例如已知指数测量的概念 A 与外部概念 B 在理论上相关，而概念 B 已有权威测量数据 b，此时如果结果显示指数结果与数据 b 高度相关，则指数结果更可能是有效的。不仅如此，对于各个具体指标，还可以逐一找到与其相关的数据进行验证，更加全面地评估指数的有效性。

对于相关性，已有许多成熟的计算方法，研究者应根据数据情况选择合适的方法。如果指数和参照物都是定距或定比变量，通常使用皮尔森相关系数。如果二者都是定类变量，可使用列联表。如果二者都是定序变量，可以使用斯皮尔曼相关系数等方法。有些情况下，数据间或许并非线性相关，此时可以对数据进行处理后再计算相关系数，也可以使用针对不同数据类型的回归方程评估指标间的相关性，例如如果指标间是 U 型关系可以采用二次方程等。

3 基于结果稳健性评估

3.1 社会科学中的信度评估

首先来看社会科学研究方法中对于数据信度的定义以及常用的评估方法。

信度是指对研究对象的测量是否真实，或者可以理解为测量结果的可信程度。在社会科学中，真实、可信这类概念通常不易量化，在实践中通常是根据结果的稳健性评估其是否可信，其基本思想是通过多种方法进行测量或者通过一种方法测量多次得到的结果越一致则其测量结果可能越接近真实。

在这一思想下，如前文所述，常使用以下几种方法评估测量信度。（1）重测信度，使用同一工具对同一对象测量多次，测量结果越一致则信度越高。（2）复本信度，使用两种本质相同但形式不同的工具对同一对象进行测量，将其中一种工具视为复本，测量结果越一致则信度越高。（3）折半信度，如果测量工具包含许多子工具，例如一份问卷包含许多题目，可以将子工具分为两半，然后计算两部分之间的一致性，一致性越高则信度越高[1]。

---

1 袁方. 社会研究方法教程[M]. 北京: 北京大学出版社, 2004: 190-191.

在传统社会科学研究中，以上信度评估方法主要是针对问卷等调查方法，而且需要在测量阶段就进行设计，而指数研究可能没有使用调查数据，也无法在测量阶段进行设计，因此其具体方法并不完全适用于指数结果评估，但现有方法能够在以下两方面为指数评估提供启发。

（1）稳健性是信度评估的核心。信度评估中无论采用哪种具体方法，都是在通过测量结果的稳健性评估其信度。虽然指数研究的数据来源不局限于社会调查，但仍可以对同一对象进行多次测量，进而评估指数结果的稳健性。

（2）可以采用不同策略进行多次测量。如果将指数研究的各个环节视为测量工具的一部分，则可以为每一步建立复本，例如可以将个别指标更换为相近指标、采用相似的赋权方法等，每一个环节的改变都可以视为一次新的测量，这样就可以评估多次测量的一致性。

3.2 评估结果稳健性

具体来看，可以通过对以下几个方面来评估指数的稳健性。

（1）指标体系稳健性。第四章讨论了指标体系的设计问题，虽然有一系列设计原则和方法可供参考，但在实践中经常会遇到一些模糊的情况，例如有些概念可以操作化为略有差异的几个指标、对于是否纳入某些指标可能存在争议等。也就是说，在有些情况下，研究者所用的指标体系只是一系列备选指标体系之一，因此可以通过微调指标体系来评估指数的稳健性。关于指标体系的稳健性，可以从两个角度来评估。第一，如果将部分指标改为相近指标会对结果产生多大影响。理想情况下，这种变更对结果产生的影响应该较小，如果结果产生了较大变化，则需要进一步思考原因，例如可能是因为替代指标与原指标并不相近、两个指标的测算差异较大、计算过程出现问题等。第二，如果增删个别指标会对结果产生多大影响。当是否应该纳入特定指标存在争议时，以结果导向的视角来看，如果是否纳入特定指标对结果影响不大，则说明指标体系相对稳健，如果对结果影响较大，则应进一步比较两种方案，例如采用本章提到的其他方法对比两种方案的结果。通过逐一剔除单一指标的方法，也可以评估每个指标对结果的影响，如果剔除多数指标对结果影响不大，但剔除个别指标的影响极大，则需要进一步考量构建综合评价指标的意义。

（2）数据稳健性。社会科学研究中对于同一对象可以采用多种不同的测量方法，甚至不同机构发布的名称相同的数据也会有所差异。例如，关于两个国家的贸易额，双边公布的数据可能有所差异，国际组织等第三方机构公布的数据与两国公布的可能又有所不同，其中可能涉及统计口径等多方面原因。按照信度评估的思想，对于同一现象的不同测量应该是总体一致的。对于指数研究而言，单个指标的信度通常在数据质量评估环节进行处理，此处仅考虑指数总体结果的信度。对于一个指标，如果可以采用不同方法进行测量或者有不同的数据来源，可以考虑在其他指标数据保持不变的情况下替换单一指标，如果替换单一指标对指数总体结果的影响较小说明从单一指标的角度来看结果较为稳健，如果变化较大则需要结合其他评估方法选择合适的数据。

（3）数据处理稳健性。通过第七章的内容可知，数据处理环节涉及大量的方法选择，并且很多情况下没有标准答案指导研究者进行选择，例如方向一致化时如何选择边界、采用哪种方法处理缺失值、如何进行数据无量纲化、是否需要改变数据分布等可能都需要研究者做出经验判断。而通过第七章的实践案例也可以发现，使用不同方法得出的结果可能存在较大差异，那么数据处理环节产生差异是否会对结果产生影响就成为一个需要评估的问题。在指数评估环节，可以在保持其他数据不变的情况下，每次改变一处数据处理结果，通过多轮对比就可以发现每一种数据处理结果对总体产生的影响，如果在某些环节不同数据处理方法会对结果产生较大影响，则可以对方法选择做进一步讨论。

（4）权重稳健性。从第八章内容可知，权重也会对结果产生重要影响，尤其当使用加法合成法时，不同的权重方案可能显著影响结果排序。因此在选择赋权方法时，需要结合不同方法的特征和适用范围进行考量。除此之外，也可以从结果稳健性的角度来考虑权重的影响。一种思路是，如果权重是稳健的，则对所用权重进行微调将不会对结果产生较大影响，例如可以轻微缩小高权重指标的权重并分配给其他指标，此时如果结果变化较小，例如只会对得分产生影响，而多数样本的排名未发生变化，则可以认为结果相对稳健，如果结果变化较大，尤其是一些关键位置发生巨大变化，例如原本第一梯队的头部样本掉入第二梯队，则需要进一步分析是哪些指标的权重产生的影响较大，并评估是否需要调整权重。另一种思路是将多种赋权方法得到的权重代入计算，通过结果对比选择合适的赋权方法，例如可以采用本章介绍的其他方法分别评估不同权重方案的结果，也可以对结果进行投票，在结果更为接近的几套方案中选择一个。

（5）合成方法稳健性。第九章介绍了加法合成法、乘法合成法以及理想点法，这些合成方法在基础假设、结果特征等方面都存在较大差异，但相较于数据处理和权重计算两个环节，合成方法的选择更为清晰，希望指标间能够线性补偿、在结果中突出长板则使用加法合成法，希望强调指标间一致性、强调短板对结果的影响则使用乘法合成法，希望以理想点为标杆则使用理想点法。如果应用场景清晰，则可以直接做出判断，无须量化评估合成方法的稳健性。但如果应用场景中无法清晰地定义以上假设，则可以分别计算不同合成方法的结果，进而通过比对不同结果或使用本章介绍的其他评估方法选择合适的合成方法。

4 评估结果与指数完善

本书第三章介绍了指数研究的流程，如图 3-1 所示，在指数研究中可能需要进行多轮循环，指数评估的结果则是判断是否要进行下一轮循环并进一步完善指数的重要依据，本节将讨论评估结果与指数完善之间的关系。

关于指数评估结果，以下几点需要注意。

（1）评估结果的概率性。在社会科学研究中，许多问题并没有"标准答案"，因此本章提到的所有方法都无法告诉研究者其构建的指数是否"正确"，甚至无法像统计检验那样告诉研究者指数"正确"的置信度和置信区间。事实上，无论是定性评估还是定量评估，其结果都是概率性的。对于单点评估而言，指数结果与评估标准是否一致本身就具有偶然性，例如，假设已知指数中 95% 的结果都是正确的，如果采用随机抽样的方法从中抽出 1 个样本与评估标准对比，仍有 5% 的可能抽到错误样本，或者在选择评估标准时也可能从备选标准中选出与指数结果不一致的标准，但另一个备选标准与指数结果一致。

（2）评估结果的解读。这是在第一点基础上的推论，在单点评估中，由于结果的概率性，无论结果如何，都无法证明或证伪指数结果的正确性。如果评估结果理想，即指数结果与评估标准相一致，可以说提高了其具有更高信度或效度的可能性，或者通俗地说可以增强我们对指数可信、有效的信心，但并不能通过单点评估结果理想说明指数总体正确。同理，如果指数评估结果不理想也不能证明指数存在问题，结果不理想可能有多种原因，例如除了结果确实有问题外，还可能是因为抽到了小概率的错误样本、没有使用与指数结果一致的评估标准等，因此，在不存在绝对正确的"黄金标准"时，根据单点结果否定一个指数也是不可取的。

（3）程序科学的重要性。作为指数计算部分的总结，本章更多地在讨论如何基于计算结果评估指数，此处需要补充的是基于研究程序评估指数的科学性同样重要。这一方面是因为基于结果评估存在的局限性，例如评估结果的概率性、可能缺乏评估标准等。但更重要的是，通过前几章的内容不难发现，研究过程中每一步方法选择都可能对结果产生重要影响，如果研究者对各个环节方法的理解不够深入、不能够辨明各个环节对结果的潜在影响，则可能导致结果出错，或者明知结果有错也无法判断问题出在何处。对于这一问题，研究者首先应该了解每种方法的特点，进而根据研究情境选择合适的方法，并且在这一过程中评估可能存在的问题，同时通过稳健性检验能够一定程度上评估研究程序本身对结果的影响，可以作为评估程序科学性的参考。

综合以上三点，可以从以下三个方面思考评估结果与指数完善之间的关系。第一，需要进行多点评估来判断是否要进一步完善指数。多点评估本质上是通过重复实验减轻偶然因素的影响，当有足够的评估标准时，应尽可能多地对样本进行评估，进而基于多点评估结果判断是否需要进一步完善指数。第二，评估结果不理想不代表必须完善指数。评估结果可能受到标准质量、所用样本等多种因素的影响，研究者应该尽可能地辨明导致结果不理想的因素，如果问题出在评估环节，则结果不理想不能作为完善指数的依据，如果问题出在指数设计和计算环节，则应高度重视。第三，研究程序中的潜在风险应重点排除。如果对于研究程序的评估结果发现某些环节可能对结果产生重要影响，尤其是其导致某些样本结果与标准不一致时，则需要重点排查其中存在的风险并采取适当方法处理。

5 小结

理想情况下，评估指数最好的准绳是现实世界的具体特征，但通常情况下正是由于缺少对现实世界特定方面的测量结果才需要构建新的指数，因此对于指数结果的评估通常是间接的。文献、专家意见等信息承载了关于现实世界的知识，可以根据这些知识对指数的部分结果进行定性评估。如果现有知识指明了某些指标间的相关性，可以根据结果的相关性判断指数的效度。同时，还可以采用重复实验的思想，通过测量指数结果的稳健性评估其信度。

在实践中，需要多样本、多角度地对指数进行综合评估，如果评估结果理想，则说明指数更可能具有较高质量，如果评估结果不理想，则需要根据评估结果进一步分析指数的各个环节是否存在问题。

第十一章　时序指数

第一章中讨论过指数的分类问题，按照测量频率可以将指数分为截面指数、时序指数和面板指数。截面指数是仅在特定时间段内对所有对象进行一次测量，其结果用于对所有对象进行横向对比；时序指数是指对时间序列上特定间隔的时点进行多次测量，其结果用于对特定对象进行时序对比；面板指数则介于两者之间，是在不同时点多次构建截面指数，不仅可以横向对比，还可以进行时序分析。

从指数构建的角度看，截面指数和面板指数十分接近，单次测算时都不包含时间变量，只需要使用特定时间段内的数据测算不同样本的得分即可。而时序指数的构建则略有不同，其核心区别在于时序指数基于时间序列数据构建，在构建过程中就需要考虑时间变量，而时间变量又有其自身特点。因此，除了指数研究的通用方法外，时序指数的构建可能还需要时间序列分析的相关知识。

在前面几章中，本书已经介绍了指数研究的通用方法，最后将进一步讨论时序指数的相关知识。本章将首先介绍时间序列的概念与特征，然后举例说明常用的时间序列分析方法，最后讨论时序指数的构建。

1　时间序列

1.1 定义

通俗地讲，时间序列是指具有时间顺序的观测值。按照表征顺序的时间间隔，可以将时间序列数据分为不同类型，例如我国的人口普查数据是每十年一次的时间序列数据，多数统计数据为年度、季度或月度时间序列数据，许多股市指数为实时的时间序列数据。

在指数研究中，时间序列指数具有一定特殊性，主要是因为相较于截面数据，时间序列数据具有如下特征。

（1）观测值是有序的，能够反映持续变化情况。在时间序列中，相邻时点的数据是前后相序发生的，并且研究中常用的时间序列数据通常各个时点间的时间间隔相同。以月度 CPI 为例，3 月的 CPI 所记录的内容发生在 2 月 CPI 所记录的内容之后，该数据每月发布一次。如果研究中仅使用了其中一个月份的 CPI，则使用的是截面数据，只能观察特定月份的物价水平，如果研究中希望考虑物价水平的持续变化情况，则需要使用整条时间序列数据。

（2）观测值之间可能存在相关性。由于时间序列中各个时点的事件是相序发生的，而在经济社会中相序发生的事件之间可能存在一定相关性。以 CPI 为例，如果不考虑突发事件的影响，物价水平的逐月变化通常是和缓的，下一个月的 CPI 一般会在上一个月的基础上出现小幅变化。例如，从图 11-1 中可以发现，2019 年以来我国 CPI 的环比增幅全部在 ±1.5% 以内，变化幅度较小。这说明相邻月份的 CPI 之间存在一定的相关性。

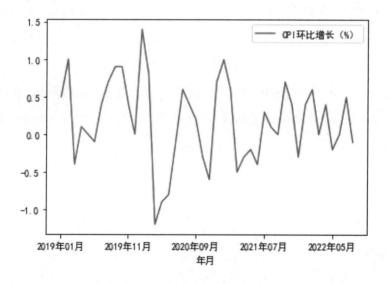

图 11-1　CPI 环比变化示例

（3）观测值可能存在规律性。时间序列的相关性不止局限于相邻时点之间，例如 GDP 等数据存在季节相关，例如 2022 年第三季度的数值可能与 2021 年第三季度的数值存在相关性。而这些不同类型的相关构成了时间序列的规律性，例如时间序列可能存在趋势性、季节性、周期性等，而这些规律增加了时间序列的信息量，使其除了各个时点的取值外还可能包含了一些隐藏规律信息，本章后续内容将围绕时间序列的规律性进行讨论，介绍其规律性的内涵以及如何基于时间序列的规律进行分析。

1.2 重要概念

为了更好地理解时间序列分析方法，本节将首先介绍时间序列的几组重要概念，这些概念多与时间序列的规律性相关。

平稳性与趋势性。图 11-2 中分别是 CPI 环比增长（a）和 GDP（b），从图中可以看出两者最直观的不同之处在于，CPI 的环比增长整体在围绕一个值上下波动，而 GDP 则存在一个明显的上升趋势，这引出时间序列分析的两个重要概念——平稳性和趋势性。"对于过程 Y_t，若不论均值 μ_t 还是协方差 γ_{jt} 都不依赖时间 t，则称此过程 Y_t 是协方差平稳或弱平稳的"[1]，许多时间序列模型都要求数据至少是弱平稳的。弱平稳时间序列在图中的特征通常是围绕一个固定值上下波动，没有随时间变化出现规律性上升或下降，由此来看，在图 11-2 中，CPI 的环比增长更可能具有平稳性。而 GDP 的数据则随着时间的增加而上升，其取值与时间存在正相关，说明其存在上升趋势，不具有平稳性。

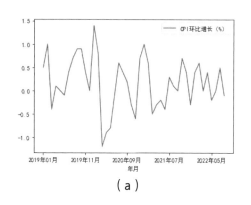
（a）

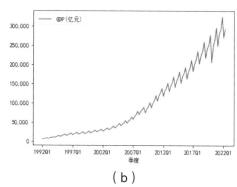
（b）

图 11-2　平稳时间序列与带有趋势的时间序列示例

---

1 汉密尔顿.时间序列分析[M].夏晓华 译.北京：中国人民大学出版社，2015：49-54.

周期波动、季节波动与不规则波动。关于周期波动最典型的例子是经济周期，它是指经济增长表现出有规律的扩张和收缩，在时间序列中的典型形态如图 11-3 所示，其核心特征在于峰值和谷值之间存在有规律的转换。周期波动主要用于描述中长期波动，例如在经济数据中一个周期通常为数年或十数年，而年内数据有规律的波动则通常为季节波动。季节波动最典型的例子是数据取值与季度相关，例如某个时间序列每年都是从一季度到四季度持续上升，或者从一季度到三季度上升、从四季度到次年一季度下降等，如果这种规律是稳定的，则可以认为时间序列存在季节性。虽然称之为季节性，但不只适用于季度时间序列，例如可以将年度数据中的每个月视为一个季节，或者可以将每周作为一年、将周中的每天作为一个季节等。除了趋势性、周期波动、季节波动等具有规律性的变化外，时间序列通常还受到其他因素的影响产生一些不规则波动。

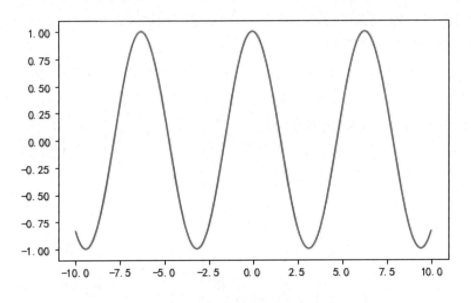

图 11-3　周期性时间序列示例

自相关、偏自相关与滞后项。上文提到，时间序列的观测值之间可能存在相关性，在时间序列分析中通常使用自相关和偏自相关函数计算观测值之间的相关程度。通俗地讲，可以将自相关理解为两个时点间取值的相关系数，而偏自相关则是在排除时点间共线性依赖的干预变量后二者的相关系数。而讨论自相关和偏自相关时需要使用滞后项这一概念，在特定时间点 T 之前所有时点的数据称为 T 的滞后项，比

T 早发生 n 期的数据称为 T 的 n 期滞后项。以月度 CPI 为例，2022 年 6 月的数据是 7 月数据的 1 期滞后项。

2 时间序列数据分析方法

本节将通过一个实例展示时间序列数据的分析方法。

2.1 分析环境与数据准备

2.1.1 分析环境准备

时间序列分析经过多年发展，已经形成一系列成熟的分析软件，例如 Eviews、SPSS 等都包含了时间序列分析模块，除此以外，R、Python 等开源工具中也形成了一系列成熟的功能包。本节将以 Python 为例演示时间序列数据的常用分析方法。在进行具体分析之前，首先需要设置分析环境，导入需要的功能包。

（1）定义工作路径。指定一个文件夹，将本次分析的所有材料放入这个文件夹后，后续调用这些材料时无须再指定路径。

```
# 导入 os 包，这个包用于与操作系统交互
import os
#os 包的 chdir 函数用于指定工作路径，注意路径中的斜线是 "//" 或 "/" 而不是 "\"
os.chdir（"C:/xxx/xxx"）
```

（2）导入常用的数据操作功能包。Numpy 和 Pandas 是 Python 中常用的数据操作功能包。Numpy 以 N 维数组的形式组织数据，通俗地讲，1 维数据是向量，2 维数组是矩阵，数组中的元素必须是相同的数据类型。Pandas 是在 Numpy 基础上开发的包，当数据表格较多、类型多样、具有行列标签时，Pandas 表现得更为强大。

```
# 如果使用 Anaconda 安装 Pyhon 环境，本节使用的多数包都是内置的，可以直
接调用
# 对于环境中尚未安装的包，可以使用 "pip install+ 包名称" 的方式安装，此处
仅举一例
pip install numpy
# 对于已经安装的第三方包，与内置包一样可以直接通过 import 调用
#as 后的部分是将包的名称指定为一个简称，后续直接使用简称即可使用包的功能
# 常用的包通常都有约定俗成的简称，例如 pandas 简称 pd、numpy 简称 np
import pandas as pd
import numpy as np
```

（3）设置绘图功能。通过图形观测时间序列数据会更为直观，因此时间序列分析中通常离不开绘图。Python 中有许多强大的绘图功能包，本节以 matplotlib 为例进行演示，该包不仅能让用户绘制时间序列，还可以绘制统计分析中各类常用图形。

```
# 导入 matplotlib 包的 pyplot，简称为 plt
import matplotlib.pyplot as plt
# 如果出现无法正常显示中文字符的情况，通过以下语句进行修复
plt.rcParams['font.sans-serif'] = ['SimHei']
# 如果出现无法正常显示负号的情况，通过以下语句进行修复
plt.rcParams['axes.unicode_minus'] = False
```

（4）导入时间序列分析的包与函数。Python 中的 statsmodels 包具有强大的统计分析功能，除了时间序列分析以外，还包括线性回归、生存分析等常用的统计分析功能。由于本节只需要使用 statsmodels 包中的部分模块和函数，所以不需要导入整个包，只需要导入所需功能即可。

```
# 从 statsmodels 导入季节分解函数
from statsmodels.tsa.seasonal import seasonal_decompose
# 导入指数平滑函数
from statsmodels.tsa.api import ExponentialSmoothing
# 导入自相关图和偏自相关图的绘制函数
from statsmodels.graphics.tsaplots import plot_acf, plot_pacf
#pandas 也包含部分时间序列分析功能
# 分别导入绘制滞后图和自相关图的 lag_plot 和 autocorrelation_plot 函数
from pandas.plotting import lag_plot, autocorrelation_plot
# 导入用于平稳性检验的 adfuller 函数
from statsmodels.tsa.stattools import adfuller
# 导入用于预测的 ARIMA
from statsmodels.tsa.arima.model import ARIMA
```

2.1.2 数据介绍

本节使用的是 1992 年一季度到 2022 年二季度的 GDP（现价）数据。数据通过国家数据（data.stats.gov.cn）获得，该数据为季度数据，每年 4 个时点，整个数据共 122 个时点。数据保存在名为 GDP.csv 的文件中，存储在通过 os.chdir 函数设置的工作路径中。以下代码可以导入数据并观察数据格式。

```
# 使用 pandas 的 read_csv 函数导入 GDP.csv
GDP = pd.read_csv（'GDP.csv'）
# 使用 head 函数观察数据的前 8 行
GDP.head(8)
# 输出结果如下
            季度    GDP(亿元)
      0   1992Q1    5262.8
      1   1992Q2    6484.3
      2   1992Q3    7192.6
      3   1992Q4    8254.8
      4   1993Q1    6834.6
      5   1993Q2    8357.0
      6   1993Q3    9385.8
      7   1993Q4   11095.9
```

从输出结果来看，数据分为三列，第一列没有标题，原始数据中没有这一列，这是 pandas 读取数据时自动生成的索引，第二列为季度，这是原始数据中的内容，第三列为 GDP 数据，单位为亿元。此处可以将季度理解为 GDP 取值的索引，为了后续分析更为便捷，可以将季度一列设为索引，设置后，默认的索引列消失，季度变为索引，数据中的"正文"部分就只剩下 GDP 取值这一列，后面的分析中无须再单独指定列。

```
# 使用 set_index 将"季度"这一列设为索引
GDP = GDP.set_index('季度')
# 重新设置索引后的数据如下所示
GDP.head(8)
                    GDP(亿元)
季度
1992Q1    5262.8
1992Q2    6484.3
1992Q3    7192.6
1992Q4    8254.8
1993Q1    6834.6
1993Q2    8357.0
1993Q3    9385.8
1993Q4   11095.9
```

可以使用 plot 函数直接绘制 GDP 的折线图，结果如图 11-4 所示。

```
GDP.plot()
```

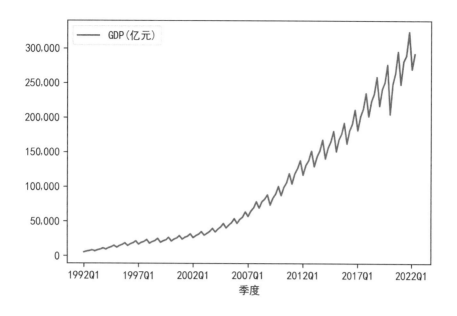

图 11-4　GDP 数据的折线图

2.2 时间序列分解

通过观察图 11-4 可以发现，30 年来我国 GDP 呈上升趋势，其曲线并不是平滑的，而是存在许多锯齿，本节将通过时间序列分解来详细分析其特征。

2.2.1 时间序列分解的基本思想

如上文所述，对于具有规律性的长期时间序列，通常假设其由不同部分构成，对于长期经济数据，最常见的是假设其由趋势、季节波动、周期波动、不规则波动构成，但并不是每一条时间序列都包含以上四个部分。例如从图 11-4 可以大体发现，GDP 很可能不存在周期波动，而主要由趋势、季节波动和不规则波动构成。而对于不同部分的组成方式，最常见的是加法模型和乘法模型。

顾名思义，加法模型假设各个部分之间共同相加组成了整体，分别用 Y、T、S、C、I 表示时间序列及其趋势、季节波动、周期波动、不规则波动，加法模型如公式（11-1）所示。

$$Y = T + S + C + I \qquad （11\text{-}1）$$

乘法模型则认为各部分之间是相乘的关系，如公式（11-2）所示。

$$Y = T \times S \times C \times I \qquad （11-2）$$

加法模型与乘法模型跟第九章讨论过的加法合成法与乘法合成法十分相似。加法模型假设时间序列的各个组成部分相对独立，各部分之间互为补充，拥有相同的量纲。乘法模型则假设 T、S、C 之间是强相关的，通常 T 是时间序列的核心，其与时间序列的量纲相同，而 S 和 C 则是调节 T 的系数，I 则是独立的随机变量。

需要指出的是，无论是加法模型还是乘法模型，都并非是固定不变的。研究者可以根据研究需要以及数据特征灵活选择合适的模型，例如可以在模型中去掉个别要素、对不同要素定义不同关系等。公式（11-3）展示了一种混合模型，其中 T、S 和 C 是相乘的关系，I 独立于其他三个要素，与它们是加法关系。

$$Y = T \times S \times C + I \qquad （11-3）$$

2.2.2 时间序列分解代码实现

本节以 GDP 数据为例展示时间序列分解的方法与结果。此处假设 GDP 由 T、S 和 I 三部分构成。在确定加法或乘法模型后，可以使用不同方法计算时间序列各个要素的取值，本节将展示其中一种经典方法的代码实现。

时间序列分解最基础的方法是移动平均法，首先通过移动平均的方法计算时间序列中的 T，然后从原始数据中减去或除以 T 得到去趋势后的值，通过对不同季度去趋势后的值取均值可以得到 S，例如对过去 30 年第三季度的去趋势后的数值取均值得到第三季度的季节项 S，最后从去趋势后的值中减去或除以 S 则可以得到 I。由于篇幅限制，此处没有展示基于移动平均进行时间序列分解的详细过程，有兴趣的读者可以进一步阅读时间序列领域的专业文献。

上文导入的 statsmodels 包中的 seasonal_decompose 函数可以实现基于移动平均的时间序列分解。其最重要的三个参数如下。

x：输入数据，可以是 N 维数组或者带时期索引或时间索引的 Pandas 对象。本节通过 np.array 函数将 GDP 数据转化为 N 维数组。

model：用于指定模型，默认值是 "additive"（加法模型），可以设置为 "multip-licative"，表示使用乘法模型。本节将对比两种模型。

period：用于指定时期，如果数据中没有表示时期或时间的索引，需要设置这一参数。由于 GDP 为季度数据，4 个季度为一个循环，因此此处设置为 4。

使用加法模型进行时间序列分解并作图的结果如下。

```
# 定义加法模型
GDP_decomposed_add = seasonal_decompose(np.array(GDP), model=
'additive', period=4)
# 绘图
GDP_decomposed_add.plot()
```

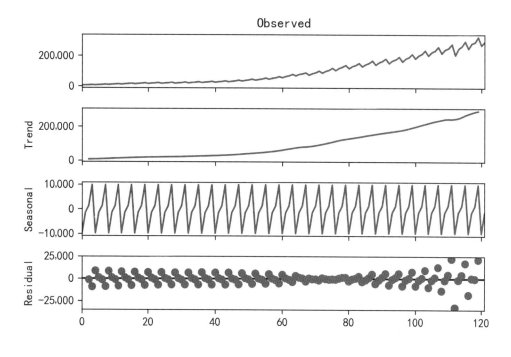

图 11-5　使用加法模型的 GDP 序列分解图

从图中可以发下以下几点。（1）从趋势项（Trend）来看，30 年来我国的 GDP 处于持续上涨趋势，而在最近几年出现一个小凹点，说明在这一点上波动极大，即使进行了移动平均也难以将其平滑。（2）从季节项（Seasonal）来看，GDP 在年中是逐季度上升。（3）从残差项（Residual）来看，不同阶段的残差有所不同，有些年份的残差极小，说明 GDP 主要受趋势和季节因素影响，而有些年份残差则较大，说明可能受到其他因素的影响，尤其是近几年来残差不仅较大而且波动并不规律。

然后来看乘法模型的代码与结果。

```
# 定义乘法模型
GDP_decomposed_mul = seasonal_decompose(np.array(GDP), model=
'multiplicative', period=4)
# 绘图
GDP_decomposed_mul.plot()
```

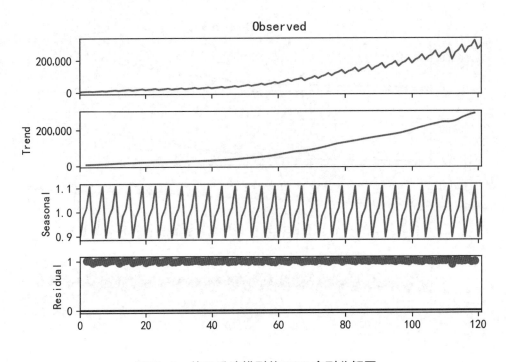

图 11-6　使用乘法模型的 GDP 序列分解图

　　对于 GDP 时间序列的分解，乘法模型与加法模型的结果在图形上十分相似。因为这两个模型都是首先使用移动平均的方法计算趋势项，所以二者的趋势项是相同的。两个模型的季节项形态相同，都是年内逐季度上升，不同的是加法模型中季节项的波动范围在 [–10,000，10,000] 左右，量纲与趋势项相同，而乘法模型中季节项的波动范围是在 [–1，1] 左右，可以将其理解为趋势项的调节系数。乘法模型中残差项都在 1 左右，由于过于密集，其在图中的形态不够明显，如果从原始数据来看，其与加法模型的结论十分相似。

　　以上展示了基于移动平均的最为基础的时间序列分解方法，除此以外还有许多方法可以选择。例如美国人口普查局和加拿大统计局开发的 X11 分解法可以得到所有点的趋势项，并且可以处理假期等因素的影响，X11 可用于季度数据和月度数据；STL 分解使用局部加权回归的方法拟合各个部分的得分，该方法对于季节波动的计算更为灵活，但只能使用加法模型。

2.3 时间序列预测

预测是时间序列分析中的关键任务之一。从时间序列分解部分的内容不难发现，部分时间序列存在明显的规律性，例如 GDP 的季节性和趋势性都非常明显，而对于这种有明显规律的序列，仅使用序列本身的信息对其进行预测则具有一定可能性。本节将介绍基于不同思想的时间序列预测方法，一种是经典的自回归差分移动平均（ARIMA）模型，一种是基于机器学习的 Prophet 模型。

2.3.1 经典时间序列预测模型

自回归差分移动平均是最经典的时间序列模型之一，顾名思义，其包含以下三部分内容。

（1）自回归（AR）。在回归分析中，如果因变量 Y 与一个或多个自变量 X 存在相关性，则可以构建关于 Y 与 X 的回归方程，并通过最小二乘或最大似然等算法估计回归系数等参数。在此基础上，如果某些点的 X 已知但 Y 未知，则可以将 X 带入回归方程求得对应的 Y。在时间序列中，如果假设第 t 个时点的值 Y_t 与 n 期之前时点的 Y_{t-n} 存在相关性，其中 n 为整数，则可以将 Y_t 作为因变量、Y_{t-n} 作为自变量来构建回归方程，进而可以使用时间序列的历史数据预测未来，这种时间序列自己与自己的回归称为自回归。在模型中需要确定其参数 p，即与前 p 期的数据进行自回归。

（2）移动平均（MA）。在时间序列分解部分已经用到过移动平均法，这是提取时间序列趋势的常用方法，其本质是对连续时点的值取均值减轻短期波动的影响。在时间序列预测中，其作用也十分类似，在 ARIMA 模型中，移动平均模型关注自回归模型中误差项的累加，突出时间序列中较为稳定的特征。在模型中需要确定其参数 q，即对前 q 期的数据进行移动平均。

（3）差分（I）。ARIMA 模型的基础假设是时间序列是平稳的。当时间序列取值在一个相对稳定的水平上下波动时，其自回归和移动平均的结果将更可能接近未来值。这一点通过一个反例可以更好地理解，从图 11-4 可知，GDP 存在明显的上升趋势，如果采用过去的值预测未来则很容易低估未来值。当时间序列不平稳时，最常用的方法是对其进行差分，例如一阶差分的结果是 Y_t 与 Y_{t-1} 的差值，如果一阶差分结果不平稳，还可以进行二阶差分，通过一次或数次差分将绝对量变为增量通常能使时间序列变得平稳。在模型中需要确定其参数 d，即对数据进行 d 阶差分使数据平稳。

由于平稳性是 ARIMA 模型的基础假设，此处首先来看 GDP 数据的平稳性问题。从图 11-4 中可以明显看出 GDP 具有明显的上升趋势，序列不平稳。此处首先对其进行一阶差分。

```
#diff 函数用于计算差分，参数 periods 定义差分阶数
# 在 N 阶差分中，前 N 个值没有可以减去的值，会出现缺失值，此处使用 dropna
剔除缺失值
GDP_diff = GDP.diff(periods=1).dropna(axis=0,how='all')
GDP_diff.plot()
```

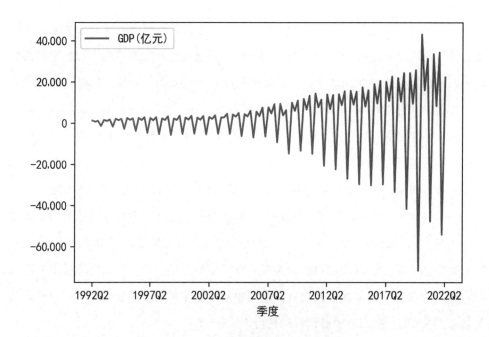

图 11-7　差分后的 GDP 数据

从图 11-7 中可以看出，由于 GDP 后期环比增幅变大，一阶差分的结果仍不平稳，此时一种选择是进行二阶差分，但结合图 11-4 中接近指数分布的形态可以推测，先对其取对数再进行一阶差分或许可以取得较好效果，同时其结果也更容易理解。

```
#numpy 包中的 log 函数用于对数据取对数
GDP_ln = np.log(GDP)
GDP_ln_diff = GDP_ln.diff(periods=1).dropna(axis=0,how='all')
GDP_ln_diff.plot()
```

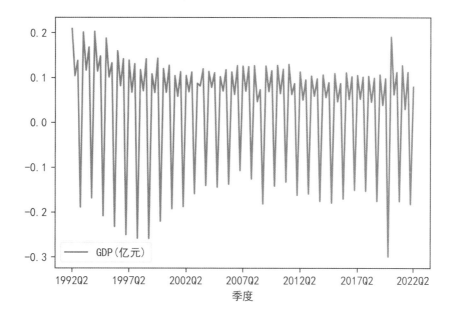

图 11-8　先取对数再差分后的 GDP 数据

图 11-8 中显示，先取对数再进行一阶差分后的结果整体平稳。除了通过作图判断以外，也可以使用 ADF 检验判断时间序列的平稳性。

```
# adfuller 函数用于 ADF 检验
GDP_adf = adfuller(GDP)
GDP_diff_adf = adfuller(GDP_diff)
GDP_ln_diff_adf = adfuller(GDP_ln_diff)
```

```
print('GDP 平稳性检验的 p 值为：',GDP_adf[1])
print('GDP_diff 平稳性检验的 p 值为：',GDP_diff_adf[1])
print('GDPP_ln_diff 平稳性检验的 p 值为：',GDP_ln_diff_adf[1])
# 输出结果如下

GDP平稳性检验的p值为： 0.9977730868434738
GDP_diff平稳性检验的p值为： 0.8921857839145603
GDP_ln_diff平稳性检验的p值为： 0.02551538723927078
```

当 ADF 检验的 p 值小于 0.05 或 0.1 时，通常可以认为时间序列是平稳的，从以上结果可知，GDP 的原始数据和一阶差分后的数据都不平稳，而先取对数再一阶差分后的结果是平稳的，因此后续使用 GDP_ln_diff 构建 ARIMA 模型。由于已经提前进行了平稳性处理，ARIMA 模型中无须进行差分，将 I 的参数设置为 0 即可。

ARIMA 模型最关键的任务在于确定 p 和 q 两个参数，其基础方法是结合偏自相关图识别 p 和结合自相关图判断 q。

```
# 函数 plot_pacf 和 plot_acf 分别用于绘制偏自相关和自相关图
plot_pacf(GDP_ln_diff, method='ywm')
plot_acf(GDP_ln_diff)
```

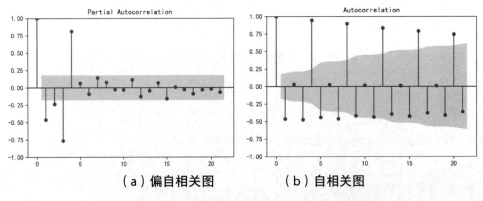

（a）偏自相关图　　　（b）自相关图

图 11-9　GDP 平稳化之后的偏自相关与自相关图

对于这两幅图，一种简单的观察方法是：（1）如果圆点超出阴影则显著相关；（2）如果从某个点开始，后续点都不再显著相关而且数值不存在规律性，通常称为截尾，最后一个显著相关点的滞后期数就是对应的参数 p 或 q；（3）如果滞后多期的值仍然显著相关并且数值存在规律性，通常称为拖尾，此时难以设置对应的参数。根据这种方法可以发现，在图 11-9 中，偏自相关图在滞后 4 期截尾，可以将 p 设置为 4，而自相关图则存在拖尾，如果不对数据进行进一步处理，此处应将 q 设置为 0。确定参数后即可拟合 ARIMA 模型并进行预测。

```
#ARIMA 函数用于拟合 ARIMA 模型
# 参数 order 的三个值分别是 p、d、q
ARIMA_model = ARIMA(GDP_ln_diff, order=(4,0,0)).fit()
data = GDP_ln_diff.reset_index(drop=True)
# 根据拟合的模型进行预测，输出第 0 到第 135 个值
forecast = ARIMA_model.predict(start=0, end=135).reset_index(drop=True)
data.plot(label='data')
forecast.plot(label='ARIMA.forecast')
plt.legend()
```

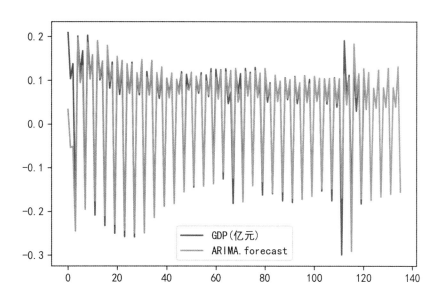

图 11-10　ARIMA 模型的拟合与预测效果

从图 11-10[1] 来看，在历史数据部分，模型较好地拟合了数据的总体规律，但具体到各个点并不精准，经常出现高估或低估的情况。此处仅仅是为了展示时间序列预测的基本方法，这种最基础的方法通常难以达到较高的精度，因此此处不再详细评估其预测精度，下文将会讨论提高预测精度的方法。

2.3.2 机器学习预测

在使用 ARIMA 模型的过程中可以发现，此类经典的时间序列模型有许多基础假设，例如时间序列的平稳性、自相关和偏自相关等，总的来说，这是从时间序列的特征出发来考虑预测问题。除此之外还有另一种思想，将历史数据作为训练数据，通过机器学习算法从训练数据中发现规律进而形成预测模型，而在训练模型的过程中不是基于假设设置参数，而是根据损失函数计算参数，总体目标是使模型计算出的结果与实际值的差距尽可能地小。而在机器学习算法中，有一类面向序列数据的算法，例如 RNN、LSTM 等，这些算法可以用于时间序列预测。除了通用序列模型外，还有部分模型结合时间序列特征与机器学习算法，Prophet 模型属于这一类模型，本节将以此为例进行讲解。

Prophet 模型最大的特点是其结合了时间序列分解和机器学习算法。时间序列分解部分，该模型考虑了趋势项、季节波动、假日波动和不规则波动，从其考虑假日波动来看，这个模型在设计之初更可能面向的是日度或颗粒度更小的数据，但其他数据同样能够使用这一模型。在机器学习部分，该模型直接基于历史数据训练模型，不要求数据平稳，甚至可以处理异常值、缺失值等情况，相对于 ARIMA 模型更为自动化，并且对数据的要求更低[2]。该算法的代码实现如下。

```
# 包含 Prophet 模型的 prophet 包没有包含在 Anaconda 的默认环境中，因此需要先安装这个包
pip install prophet
# 导入 Prophet 函数
from prophet import Prophet
```

---

1 图 11-10 书后附有彩图。
2 Prophet: Automatic Forecasting Procedure[EB/OL]. https://github.com/facebook/prophet, 2022-10-01/2023-11-30.

```
# 创建一个空的模型
Prophet_model = Prophet()
# 读取数据
Prophet_data = pd.read_csv('GDP.csv')
# 这个模型要求数据只有两列，第一列名称必须是 ts，输入时间，第二列名称必须是 y，输入数据
Prophet_data.columns = ['ds', 'y']
# 将数据输入模型进行拟合
Prophet_model.fit(Prophet_data)
# 使用拟合的模型预测未来 12 期的值
future = Prophet_model.make_future_dataframe(periods=12)
# 预测值中包含多种结果，此处取其中的一个结果，即均值 yhat
forecast = Prophet_model.predict(future).yhat
forecast.plot(label='Prophet.forecast')
Prophet_data['y'].plot(label='data')
plt.legend()
```

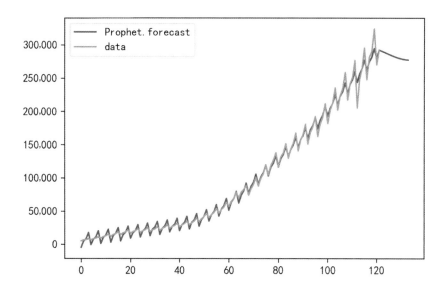

图 11-11　Prophet 模型的拟合与预测效果

Prophet 是对原始数据直接进行拟合与预测，所以图 11-11 与图 11-10 有所不同，从图 11-11 中可以大体发现，其拟合与预测效果不如 ARIMA 模型。从拟合部分来看，代表原始数据的黄线[1]早期数值较小、季节波动幅度也相应地较小，但代表拟合数据的蓝线明显早期季节波动大于实际情况，而最近三年的数据中，拟合结果的季节波动则小于实际值，由此来看该模型对季节波动的拟合并不好。从预测部分来看，图中没有黄线的部分为模型预测值，该部分甚至不存在季节波动，说明其预测结果很可能存在问题。关于这一结果的产生原因，将会在下文讨论。

虽然对于波动部分的拟合和预测效果都不太好，但是从图 11-11 中可以发现，在不对数据进行平稳性处理的情况下，该模型能够较好地拟合数据中的趋势项。由于该模型对数据进行了时间序列分解，因此在结果中可以单看趋势项，其代码与结果图如下。

```
# 取模型预测结果中的趋势项 trend 并作图
plt.plot(Prophet_model.predict(future).trend, label='forecast.trend')
# 对原始时间序列进行分解，取其中的趋势项 trend 作图
plt.plot(GDP_decomposed_add.trend, label='data.trend')
plt.legend()
```

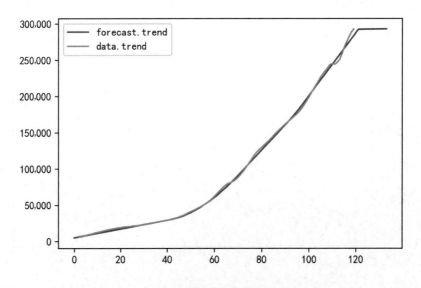

图 11-12　Prophet 模拟对趋势项的拟合与预测

---

1 图 11-11 书后附有彩图。

从图 11-12[1] 中可以看出，该模型对趋势项的拟合效果较好，如果单看趋势项，该预测结果显示，在经过长期快速增长后，该数据在趋势上可能会进入平台期。但这只是简单的单变量时间序列预测，在实践中通常不会基于如此简单的预测结果进行决策，接下来本节将对时间序列预测问题进行补充讨论。

2.3.3 关于时间序列预测的精度

本节通过两个例子展示了单变量时间序列预测的基本思想与技术实现，其中 ARIMA 是经典预测模型，简单易懂，但对数据具有较高的要求，Prophet 是众多新型预测模型中的一种，其结合时间序列特征与机器学习预测任务，对数据要求更低但模型更为复杂。而且从结果来看，更为复杂的 Prophet 模型似乎在拟合和预测效果上并没有优于 ARIMA 模型。那么哪些因素会影响时间序列预测的精度呢？对于这一问题有许多理论和方法的研究，此处不再展开讨论，仅从应用的角度说明几个常见的影响因素。

（1）可预测性。首先需要明确的一点是，并不是所有的时间序列都可以预测，有些时间序列较容易预测，有些则不然。对于可预测性，在应用中可以从以下两个角度理解。一方面，有些时间序列具有较强的规律性，其主要受历史因素的影响，当下和未来因素对其影响较小或十分规律，这类数据通常表现出明显的趋势性以及规律的波动。例如，人口数量的主要影响因素包括育龄人口数量和生育意愿，在不考虑移民的情况下，育龄人口数量由多年前的出生人口数量决定，而生育意愿在短期内相对稳定，因此人口数量具有较强的可预测性。反之，有些时间序列则主要受短期因素的影响，如果短期因素具有不确定性，则这类时间序列的可预测性较低。另一方面，有些时间序列虽然自身规律性不强，但是与其他时间序列具有强相关，例如时间序列 A 与滞后 N 期的时间序列 B 强相关，并且这种相关性是稳健的，则只要知道 B 的取值就可以预测未来 N 期的 A，此时 A 也具有较强的可预测性。

（2）有效信息量。从关于可预测性的分析中可以发现，无论是单变量时间序列预测还是多变量时间序列预测，都是用已知信息来推测未知。这里的已知信息包括待预测时间序列自身的信息，例如其趋势性、季节性等是具有一定规律的信息，过去时点的值可能包含着未来的信息，此外还包括外部信息，例如在可预测性部分举例的时间序列 B 中具有用于预测时间序列 A 的信息，或者已知事件 X 的发生会对序

---

1 图 11-12 书后附有彩图。

列 A 产生影响，则事件 X 发生与否、影响的大小和方向都是有助于预测序列 A 的信息。但并非所有信息都是有效的，例如时间序列中的不规则波动、虚假相关的时间序列等可能不仅对提高预测精度没有帮助，甚至可能起到反作用。在其他条件不变的情况下，通常有效信息越多则预测成功的可能性越大，但如果纳入模型的信息过多，具体表现为模型参数过多，则容易造成过拟合问题，此时需要结合技术指标或经验进行精简，例如在 ARIMA 模型中常用赤池信息量准则（AIC）和贝叶斯信息量准则（BIC）来确定阶数。

（3）模型与参数。在同一预测任务中，不同模型或者使用不同参数的同一模型可能产生不同的预测效果，由此可见模型与参数也会影响预测精度。对于模型的选择，首先需要跳出一种误区，即越复杂的模型越准确。事实上，通过本节的两个例子就能看到，即使不使用未来数据验证也可以发现，更复杂的 Prophet 模型在默认参数下的预测值甚至不包含季节性，其预测效果大概率不如更简单却经过调参的 ARIMA 模型。这可能是多种原因共同所致。一方面，越复杂的模型通常参数越多，更多的参数需要更多的训练数据，而本节所用的数据量较小。另一方面，本节并未对 Prophet 模型进行调参，这也可能导致其预测效果下降。总的来说，根据数据特征选择合适的模型并科学设置参数有助于提高预测效果。除此之外，在使用通用模型时也应考虑模型与任务的契合度问题，在时间序列预测中，RNN、LSTM 等序列模型通常效果优于其他机器学习模型。

3 时间序列与指数研究

在了解时间序列分析的核心方法后，本节将进一步讨论时间序列分析方法在指数研究中的应用。

3.1 缺失值处理

在第七章已讨论过一般数据的缺失值处理方法，使用集中趋势、相似样本取值、相关指标取值估计缺失值等方法同样适用于时间序列指数，除此之外，由于时间序列数据自身包含更多信息，因此有更多方法可以估计其缺失值，常用方法如下。

（1）根据相邻时点的数据估算缺失值。相较于截面数据，时间序列数据最大的特点在于前后值之间存在相关性，因此可以使用前后时点的值来估计缺失值。其中最基础的方法是使用其前一期或后一期的值来估计缺失值，或者基于移动平均的方法使用前几期或后几期的加权值估计缺失值。如果认为缺失值同时与其之前及之后时点的值相关，则可以将其前后的值同时纳入移动平均。在移动平均过程中可以赋给不同时点的值不同权重，例如与缺失值越近的值权重越大，这称为加权移动平均。

（2）根据其他相关时点的数据估算缺失值。通过观察图 11-9 中的自相关图可以发现，与特定季度 GDP 最相关的时点并不是其前后两个季度，而是其前一年或后一年的同一季度，这种情况下，相较于取前后两个季度的均值，更合适的方法或许是取前后两年与缺失值相同季度的均值。这带来的启发是，可以通过趋势分解或自相关图了解时间序列的规律，找出与缺失值最相关的时点，进而根据相关时点的值估算缺失值。

（3）将缺失值处理视为预测问题。时间序列预测的本质在于使用已知的序列值推测未知值，而缺失值也是未知值的一种，因此可以采用预测方法来估算缺失值。例如对于本节示例的 GDP 数据，假设 2020 年一季度的数据缺失，则可以使用 2020 年之前的所有数据预测 2020 年一季度的 GDP。缺失值处理的效果取决于预测精度。

（4）插值法。广义的插值与缺失值填补含义相同，以上几种方法都可以视为插值法的特例。而狭义的插值法是指根据现有数据拟合函数，进而根据函数估计缺失点的近似值。从这个角度来看，其与时间序列预测有相同之处，不同的是插值法可能会使用时间序列中所有已知值进行拟合，而预测任务中通常仅使用待预测时点之前的数据。常用的插值方法包括线性插值、样条插值等。

3.2 趋势型指数

从 GDP 数据的例子中可以发现，其具有明显的季节性，在图中表现为锯齿状的波动上升。那么在分析特定时点指数的时候就会遇到一个问题：数值的短期波动是季节因素所致还是其他因素所致？在实践中，通常通过计算同比增速等方法减轻季节因素的影响，在了解指数分解后，也可以对原始数据进行分解来观察其不同要素的变化特征。

这带来的启发是，在有些应用场景中，指数的季节变化、周期变化等相对稳定的要素重要性较低，指数的使用者更为关心趋势变化和短期因素的影响。为了帮助使用者更加直观地观察指数，研究者可以在指数构建过程中对数据进行分解，然后根据研究需要剔除其中的部分要素。假设使用的是加法模型，如果希望从原始数据中剔除季节项，则只需要用原始数据减去季节项的数据即可，同理可剔除周期项和不规则波动，或者可以直接使用趋势项的数据，表示剔除趋势项以外的所有要素。

对于 GDP 而言，因为其数据频率低、波动较小，即使不剔除季节项也能够相对容易地观察其趋势，而随着数据频率和波动幅度的增大，发现数据趋势特征的难度也将增大，因此趋势型指数在高频数据中的重要性尤为突出。

3.3 先行指数

在经济类指数中，有一类常用指数称为先行指数，这类指数最突出的特点在于其能够提前表现出经济增长或衰退的信号。这类指数对未来的经济状况具有一定的预测功能，在实践中得到大量使用。先行指数的应用并不局限于经济领域，在实践中，只要能够发现先行关系，各领域的时序数据都可以构建先行指数。通常基于以下两种方法确定先行指数。

（1）基于理论或经验确定先行指数。在经济社会中，许多要素之间存在前后相序的关系，随着社会科学研究的发展，此类关系越来越多地被发现，其中部分关系已经经过论证和抽象形成理论，部分关系则停留在经验观察阶段。这些理论和经验观察能够为筛选先行指标提供参考，例如现有研究发现现象 A 的发生稳定地早于现象 B，则能够以此为依据将代表现象 A 的数据作为现象 B 的先行指数。

（2）基于数值筛选先行指数。基于理论或经验的方法具有一定局限性，例如并非所有前后相序的关系都已经被发现、有些关系会随着时代发展发生变化等，因此在不断发展理论与经验研究的同时，还需要基于数值筛选先行指数。这种方法的核心思想是如果指数 A 的数值特征持续、稳定地早于指数 B，则 A 更可能是 B 的先行指数，常用计算方法包括时差相关分析、K-L 信息量等。需要指出的是，数值上相关可能是伪相关，因此在基于数值进行筛选后还需要进一步考量其可解释性。

还有一类特殊的先行指数，本书将其称为现时预测（now-casting）[1]指数。社会

---

1 Scott SL,Varian HR. Predicting the Present with Bayesian Structural Time Series[J]. *Social Science Electronic Publishing*, 2012（01）: 4-23.

科学中的许多指数的测算和发布远远滞后于其测量对象发生的时间，例如 3 月的统计数据可能要到 4 月中旬甚至更晚才会发布，从这个角度来看，如果能够实时测算当下的数值，所得指数将早于统计数据的发布，因此也可以视为具有一定的先行性。这类指数虽然是对现状进行测量，但由于测量结果的发布提前于现有统计数据，因此被称为现时预测指数。

4 小结

时序指数是一类重要的指数，其相较于截面指数增加了时间维度的信息，在实践中具有重要意义。为了更好地构建和应用时序指数，需要对时间序列分析有一定了解。本章简要介绍了时间序列分析的基础概念以及分解和预测方法，这些知识有助于研究者初步理解和构建时序知识。

但事实上，时间序列分析相关的知识量非常庞大，由于篇幅限制，本章仅简要介绍了其中的部分基础内容，有兴趣的读者可以在以下几个方面进一步学习：（1）不同类型的滤波，相关知识有助于进一步理解时间序列分解，尤其是其中信号与噪声之间的关系;（2）非平稳时间序列，在实践中许多数据都是非平稳的，如何处理这类时间序列是一个重要问题;（3）多元时间序列分析，本章仅讨论了基于时间序列自身信息的分析，通过引入更多时间序列可以进一步提升分析效果，例如多元时间序列回归可能有助于提高预测精度，相关知识也更为复杂;（4）人工智能领域的序列模型，相关知识对于自动化时间序列预测有重要作用。

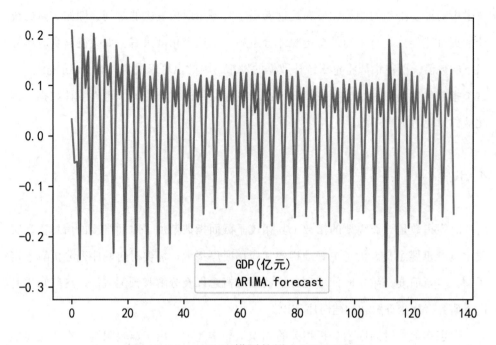

图 11-10　ARIMA 模型的拟合与预测效果

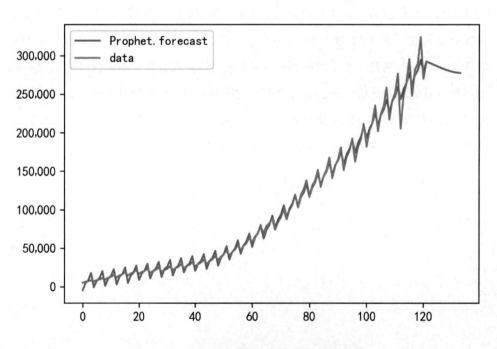

图 11-11　Prophet 模型的拟合与预测效果

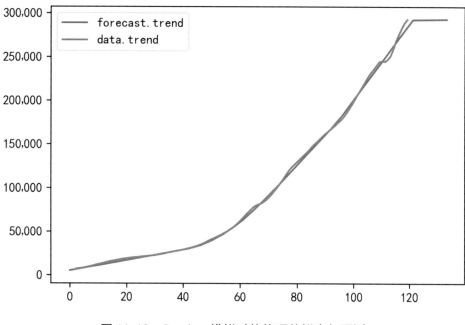

图 11-12　Prophet 模拟对趋势项的拟合与预测